职业技术教育课程改革规划教材

光电技术应用技能训练系列教材

激光打标知识与技能训练

JIGUANG DABIAO ZHISHI

YU JINENG XU

主　编　陈毕双　王小兴

副主编　黄　健　莫衡阳　程　娟　杨望虎

参　编　李　杨　余　红　杨　晟　唐志忠

主　审　唐霞辉

華中科技大學出版社

http://www.hustp.com

中国·武汉

内容简介

本书在讲述激光技术基本理论和测试方法的基础上，通过完成具体的技能训练项目来实现掌握激光打标基础理论知识和职业岗位专业技能的教学目标，每个技能训练项目由一个或几个不同的训练任务组成，主要包括：激光打标图形处理技能训练、激光打标软件使用技能训练、激光打标材料加工技能训练和激光打标典型产品实战技能训练。

本书可作为大专院校、职业技术院校光电类专业的激光加工类理论知识和技能训练一体化课程教材，也可作为激光行业企业员工的培训教材。

图书在版编目(CIP)数据

激光打标知识与技能训练/陈毕双，王小兴主编. —武汉：华中科技大学出版社，2018.8 (2022.7 重印)
职业技术教育课程改革规划教材. 光电技术应用技能训练系列教材
ISBN 978-7-5680-4508-7

Ⅰ. ①激… Ⅱ. ①陈… ②王… Ⅲ. ①激光打标机-职业教育-教材 Ⅳ. ①TB486

中国版本图书馆 CIP 数据核字(2018)第 191338 号

激光打标知识与技能训练
Jiguang Dabiao Zhishi yu Jineng Xunlian

陈毕双　王小兴　主编

策划编辑：王红梅
责任编辑：余　涛
封面设计：秦　茹
责任校对：曾　婷
责任监印：周治超
出版发行：华中科技大学出版社(中国·武汉)　　电话：(027)81321913
　　　　　武汉市东湖新技术开发区华工科技园　　邮编：430223
录　　排：武汉市洪山区佳年华文印部
印　　刷：武汉科源印刷设计有限公司
开　　本：787mm×1092mm　1/16
印　　张：10.5
字　　数：252 千字
版　　次：2022 年 7 月第 1 版第 3 次印刷
定　　价：28.80 元

职业技术教育课程改革规划教材——光电技术应用技能训练系列教材

编审委员会

序　言

激光及光电技术在国民经济的各个领域的应用越来越广泛，中国激光及光电产业在近十年得到了飞速发展，成为我国高新技术产业发展的典范。2017年，激光及光电行业从业人数超过10万人，其中绝大部分员工从事激光及光电设备制造、使用、维修及服务等岗位的工作，需要掌握光学、机械、电气、控制等多方面的专业知识，需要具备综合、熟练的专业技术技能。但是，激光及光电产业技术技能型人才培养的规模和速度与人才市场的需求相去甚远，这个问题引起了教育界，尤其是职业教育界的广泛关注。为此，中国光学学会激光加工专业委员会在2017年7月28日成立了中国光学学会激光加工专业委员会职业教育工作小组，希望通过这样一个平台将激光及光电行业的企业与职业院校紧密对接，为我国激光和光电产业技术技能型人才的培养提供重要的支撑。

我高兴地看到，职业教育工作小组成立以后，各成员单位围绕服务激光及光电产业对技术技能型人才培养的要求，加大教学改革力度，在总结、整理普通理实一体化教学的基础上，开始构建以激光及光电产业职业活动为导向、以校企合作为基础、以综合职业能力培养为核心，将理论教学与技能操作融会贯通的一体化课程体系，新的教学体系有效提高了技术技能型人才培养的质量。华中科技大学出版社组织国内开设激光及光电专业的职业院校的专家、学者，与国内知名激光及光电企业的技术专家合作，共同编写了这套职业技术教育课程改革规划教材——光电技术应用技能训练系列教材，为构建这种一体化课程体系提供了一个很好的典型案例。

我还高兴地看到，这套教材的编者，既有职业教育阅历丰富的职业院校老师，还有很多来自激光和光电行业龙头企业的技术专家及一线工程师，他们把自己丰富的行业经历融入这套教材里，使教材能更准确体现“以职业能力为培养目标，以具体工作任务为学习载体，按照工作过程和学习者自主学习要求设计和安排教学活动、学习活动”的一体化教学理念。所以，这套打着激光和光电行业龙头企业烙印的教材，首先呈现了结构清晰完整的实际工作过程，系统地介绍了工作过程相关知识，具体解决了做什么、怎么做的工作问题，同时又基于学生的学习过程设计了体系化的学习规范，具体解决学什么、怎么学、为什么这么做、如何做得更好的问题。

一体化课程体现了理论教学和实践教学融通合一、专业学习和工作实践学做合一、能力培养和工作岗位对接合一的特征，是职业教育专业和课程改革的亮点，也是一个十分辛苦的工作，我代表中国光学学会激光加工专业委员会对这套教材的出版表示衷心祝贺，希望写出更多的此类教材，全方位满足激光及光电产业对技术技能型人才的要求，同时也希望本套丛书的编者们悉心总结教材编写经验，争取使之成为广受读者欢迎的精品教材。

中国光学学会激光加工专业委员会主任

二〇一八年七月二十八日

前言

自从1960年世界上第一台激光器诞生以来，激光技术不仅应用于科学技术研究的各个前沿领域，而且已经在工业、农业、军事、天文和日常生活中得到了广泛应用，初步形成较为完善的激光技术应用产业链条。

激光技术应用产业是利用激光技术为核心生成各类零件、组件、设备以及各类激光应用市场的总和，其上游主要为激光材料及元器件制造产业，中游为各类激光器及其配套设备制造产业，下游为各类激光设备制造和激光设备应用产业。其中，激光技术应用中、下游产业需求员工最多，要求最广，主要就业岗位体现在激光设备制造、使用、维修及服务全过程，需要从业者掌握光学、机械、电气、控制等多方面的专业知识，具备综合熟练的专业技能。

为满足激光技术应用产业对员工的需求，国内各职业院校相继开办了光电子技术、激光加工技术、特种加工技术、激光技术应用等新兴专业来培养激光技术的技能型人才。由于受我国高等教育主要按学科分类进行教学的惯性影响，激光技术应用产业链条中需要的知识和技能训练分散在各门学科的教学之中，专业课程建设和教材建设远远不能适应激光技术应用产业的职业岗位要求。

有鉴于此，国内部分开设了激光技术专业和课程的职业院校与国内一流激光设备制造和应用企业紧密合作，以企业真实工作任务和工作过程(即资讯—决策—计划—实施—检验—评价六个步骤)为导向，兼顾专业课程的教学过程组织要求进行了一体化专业课程改革，开发了专业核心课程，编写了专业系列教材并进行教学实施。校企双方一致认为，现阶段激光技术应用专业应该根据办学条件开设激光设备安装调试和激光加工两大类核心课程，并通过一体化专业课程学习专业知识、掌握专业技能，为满足将来的职业岗位需求打下基础。

本书就是激光加工类核心课程中的一体化课程教材之一。具体来说，就是以常见激光打标典型产品实战技能训练过程为学习载体，学生必须掌握打标机基本操作知识与技能、激光打标图形处理知识与技能、激光打标软件知识与技能、激光打标材料知识与技能以及激光打标典型产品知识与技能，能够基本胜任激光打标岗位工作任务。

本书主要通过在讲述知识的基础上完成技能训练项目任务来实现教学目标，每个技能训练项目由一个或几个不同的训练任务组成，主要有以下四个技能训练项目。

项目一：激光打标图形处理技能训练。

项目二：激光打标软件技能训练。

项目三：激光打标材料技能训练。

项目四：激光打标典型产品实战技能训练。

由于以真实技能训练项目代替了大部分纯理论推导过程，本书特别适合作为职业院校激光技术应用及其相关专业的一体化课程教材，也可作为激光打标机生产制造企业和用户的员工培训教材，同时适合激光设备制造和激光设备应用领域的相关工程技术人员自学。

本书各章节的内容由主编和副主编集体讨论形成。第 1 章、第 2 章、第 6 章第 3 节由深圳技师学院陈毕双执笔编写，第 3 章第 1 节由武汉仪表电子学校程娟执笔编写，第 4 章第 1 节、第 6 章第 5 节由深圳镭霆激光王小兴执笔编写，第 3 章第 3 节、第 4 章第 2 节、第 5 章第 1 节、第 6 章第 4 节由深圳技师学院黄健执笔编写，第 3 章第 2 节、第 5 章第 2 节、第 6 章第 1 节由深圳技师学院杨望虎执笔编写，第 6 章第 2 节由武汉华工激光莫衡阳执笔编写。深圳华天激光李杨、惠州镭凌激光余红、武汉软件职业技术学院杨晟和鞍山技师学院唐志忠提供了大量的原始资料及编写建议，深圳技师学院激光技术应用教研室的全体老师和许多同学参与了资料的收集整理工作，全书由陈毕双统稿。

中国光学学会激光加工专业委员会、广东省激光行业协会和深圳市激光智能制造行业协会的各位领导和专家学者一直关注这套技能训练教材的出版工作，华中科技大学出版社的领导和编辑为此书的出版做了大量组织工作，在此一并深表感谢。

本书在编写过程中参阅了一些专业著作、文献资料和企业的设备说明书，谨向其作者表示诚挚的谢意。

本书承蒙华中科技大学光电学院唐霞辉教授仔细审阅，提出了许多宝贵意见，在此一并深表感谢。

限于编者的水平和经验，本书还存在错误和不妥之处，希望广大读者批评指正。

编 者

2018 年 08 月

目　录

1

激光与激光打标基础知识

1.1 激光概述

1.1.1 激光的产生

1. 光的产生

1）物质的组成

世界上能看到的任何宏观物质都是由原子、分子、离子等微观粒子构成。其中，分子是原子通过共价键结合形成的，离子是原子通过离子键结合形成的，所以归根结底，物质是由原子构成的，如图 1-1 所示。

2）原子的结构

原子是由居于原子中心的带正电的原子核和核外带负电的电子构成的，如图 1-2 所示。

根据量子理论，同一个原子内的电子在不连续的轨道上运动，并且可以在不同的轨道上运动，如同一辆车在高速公路上可以开得快、在市区里就开得慢一样。

在图 1-3 所示的玻尔的原子模型中，电子分别可以有 $n=1$、$n=2$、$n=3$ 三条轨道，原子对应不同轨道有三个不同的能级。

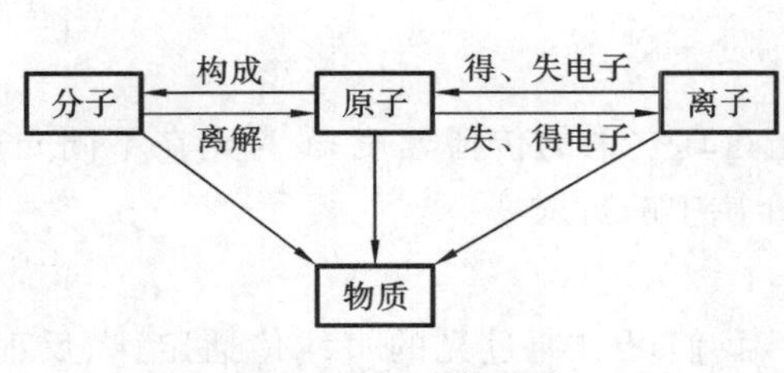

图 1-1　物质的组成

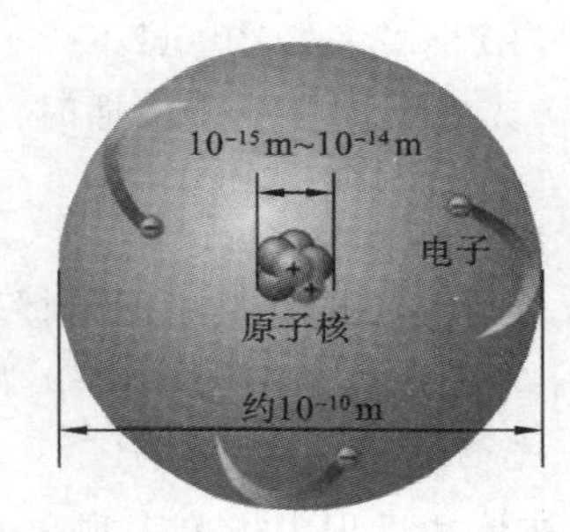

图 1-2　原子的结构

当 $n=1$ 时，电子与原子核之间距离最小，原子处于低能级的稳定状态，又称为基态。

当 $n>1$ 时，电子与原子核之间距离变大，原子跃迁到高能级的非稳定状态，又称为激发态。

3）原子的发光

激发态的原子不会长时间停留在高能级上，它会自发地向低能级的基态跃迁，并释放出它的多余的能量。

如果原子是以光子的形式释放能量，这种跃迁称为自发辐射跃迁，此时宏观上可以看到物质正在以特定频率发光，其频率由发生跃迁的两个能级的能量差决定：

$$\nu=(E_2-E_1)/h \tag{1-1}$$

式中：h 为普朗克常数，6.626×10^{-34} J·s；ν 为光的频率，s^{-1}。

自发辐射跃迁是除激光以外其他光源的发光方式，它是随机跃迁过程，发出的光在相位、偏振态和传播方向上彼此无关。

由此可以看出，物质发光的本质是物质的原子、分子或离子处于较高的激发状态时，从较高能级向低能级跃迁，并自发地把过多的能量以光子的形式发射出来的结果，如图 1-4 所示。

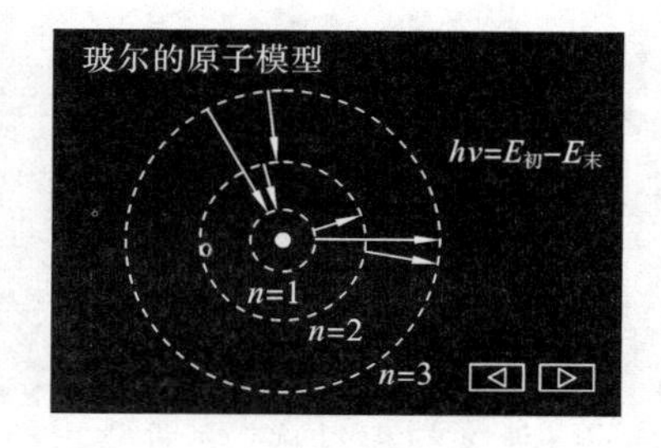

图 1-3　玻尔的原子模型

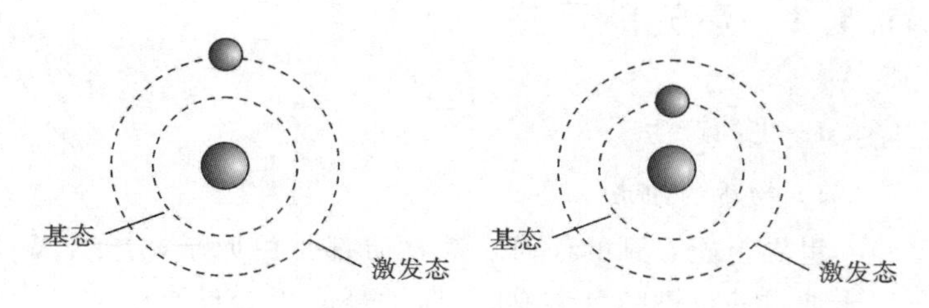

图 1-4　物质发光的本质

2. 光的特性

1）波粒二象性

光是频率极高的电磁波，具有物理概念中波和粒子的一般特性，简称具有波粒二象性。光的波动性和粒子性是光的本性在不同条件下表现出来的两个侧面。

（1）电磁波谱：把电磁波按波长或频率的次序排列成谱，称为电磁波谱，如图 1-5 所示。

（2）可见光谱：可见光是一种能引起视觉的电磁波，其波长范围为 380～780 nm，频率范围 $3.9\times10^{14}\sim7.5\times10^{14}$ Hz。

（3）光在不同介质中传播时，频率不变，波长和传播速度变小。

$$u=\frac{c}{n},\quad \lambda=\frac{\lambda_0}{n} \tag{1-2}$$

式中：u 为光在不同介质中的传播速度；c 为光在真空中的传播速度；λ 为光在不同介质中的波长；λ_0 为光在真空中的波长；n 为光在不同介质中的折射率。

2）光的波动性体现

光在传播过程中主要表现出光的波动性，我们可以通过光的直线传播定律、反射定律、折射定律、独立传播定律、光路可逆原理等证明光在传播过程中表现出波动性。

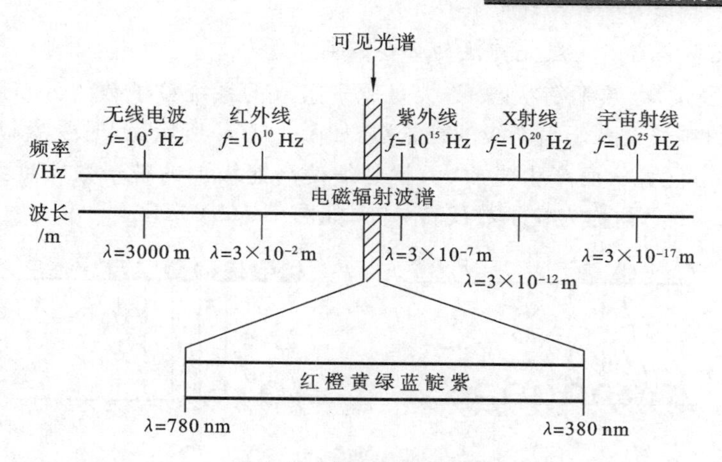

图 1-5 电磁波谱示意图

光在低频或长波区波动性比较显著，利用电磁振荡耦合检测方法可以得到输入信号的振幅和相位。

3）光的粒子性体现

光在与物质相互作用过程中主要表现出光的粒子性。

光的粒子性就是说光是以光速运动着的粒子(光子)流，一束频率为 ν 的光由能量相同的光子所组成，每个光子的能量为

$$E=h\nu \tag{1-3}$$

式中：h 为普朗克常数，6.626×10^{-34} J·s；ν 为光的频率，s^{-1}。

由此可知，光的频率愈高(即波长愈短)，光子的能量愈大。

光在高频或短波区表现出极强的粒子性，利用它与其他物质的相互作用可以得到粒子流的强度，而无需相位关系。

3. 激光的产生

1）受激辐射发光——激光产生的先决条件

处在高能级 E_2 上的粒子，由于受到能量为 $h\nu=E_2-E_1$ 的外来光子的诱发而跃迁到低能级 E_1，并发射出一个频率为 $\nu=(E_2-E_1)/h$ 的光子的跃迁过程称为受激辐射过程，如图 1-6(a)所示。

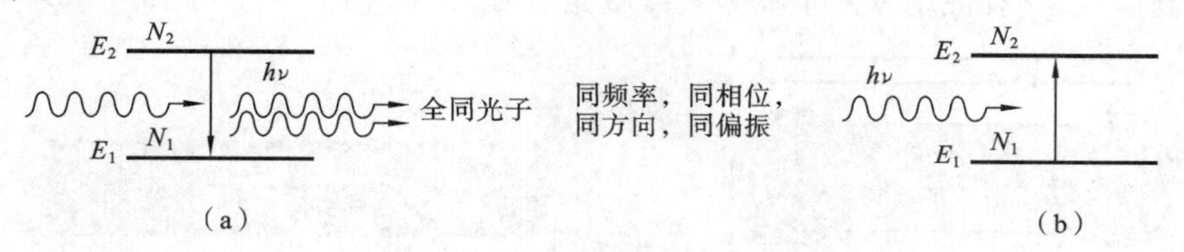

图 1-6 受激辐射与受激吸收过程

受激辐射过程发出的光子与入射光子的频率、相位、偏振方向以及传播方向均相同，且有两倍同样的光子发出，光被放大了一倍，它是激光产生的先决条件。

受激辐射存在逆过程——受激吸收过程，如图 1-6(b)所示。受激辐射的过程是复制产生光子，受激吸收过程是吸收消耗光子，激光产生的实际过程要看哪种作用更强。

2）粒子数反转分布——激光产生的必要条件

（1）玻尔兹曼定律：热平衡状态下，大量原子组成的系统粒子数的分布服从玻耳兹曼定律，处于低能级的粒子数多于高能级的粒子数，如图 1-7(a)所示，此时受激辐射<受激吸收。为了使受激辐射占优势从而产生光放大，就必须使高能级上的粒子数密度大于低能级上的粒子数密度，即 $N_2 > N_1$，称为粒子数反转分布，如图 1-7(b)所示。

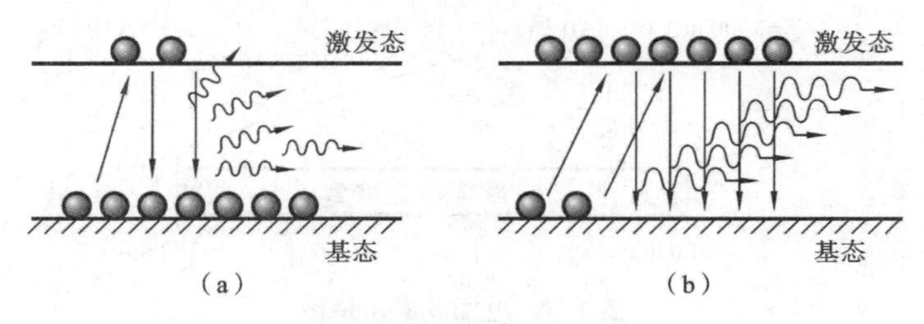

图 1-7 玻尔兹曼定律与粒子数反转状态

实现粒子数反转是激光产生的必要条件。

（2）实现粒子数反转分布：在激光器的实际结构上，通过改变激光工作物质的内部结构和外部工作条件这样两个途径来实现持续的粒子数反转分布。

① 给激光工作物质注入外加能量：如果给激光工作物质注入外加能量，打破工作物质的热平衡状态，持续地把工作物质的活性粒子从基态能级激发到高能级，就可能在某两个能级之间实现粒子数反转，如图 1-8 所示。

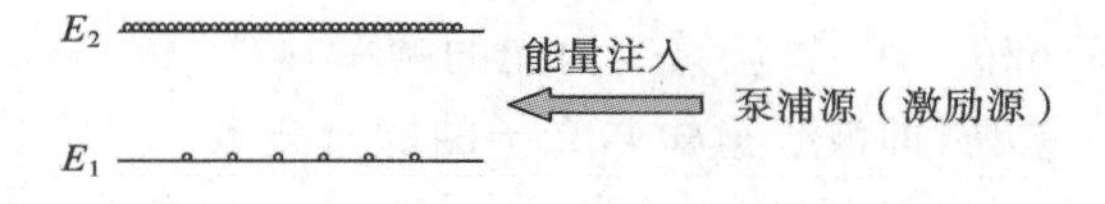

图 1-8 粒子数反转的外部条件

注入外加能量的方法在激光的产生过程中称为激励，也称为泵浦。常见的激励方式有光激励、电激励、化学激励等。

光激励通常是用灯(脉冲氙灯、连续氪灯、碘钨灯等)或用激光器作为泵浦光源照射激光工作物质，这种激励方式主要为固体激发器所采用，如图 1-9 所示。

电激励是采用气体放电方法使具有一定动能的自由电子与气体粒子相碰撞，把气体粒子激发到高能级，这种激励方式主要为气体激光器所采用，如图 1-10 所示。

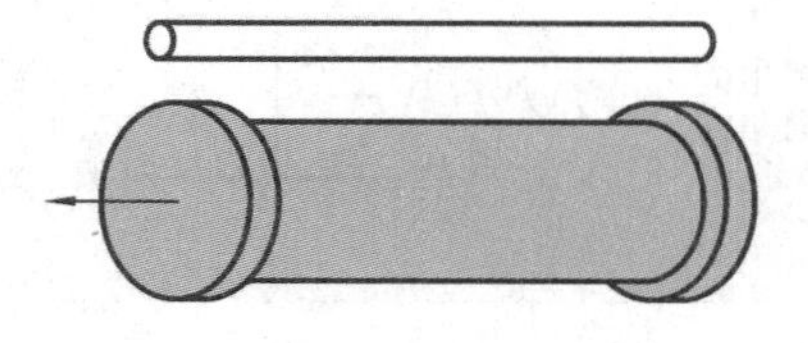

图 1-9 光激励示意图

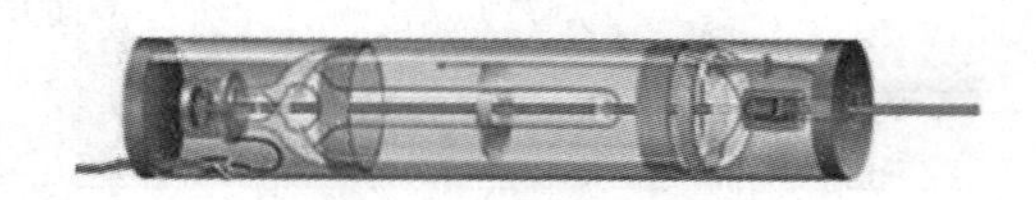

图 1-10 电激励示意图

化学激励则是通过化学反应产生一种处于激发态的原子或分子，这种激励方式主要为化学激光器所采用。

② 改善激光工作物质的能级结构：在实际应用中能够实现粒子数反转的工作物质主要有三能级系统和四能级系统两类。

三能级系统如图 1-11(a)所示，粒子从基态 E_1 首先被激发到能级 E_3，粒子在能级 E_3 上是不稳定的，其寿命很短(约 10^{-8} s)，很快地通过无辐射跃迁到达能级 E_2 上。能级 E_2 是亚稳态，粒子在 E_2 上的寿命较长(10^{-3}～1 s)，因而在 E_2 上可以积聚足够多的粒子，这样就可以在亚稳态和基态之间实现粒子数反转。

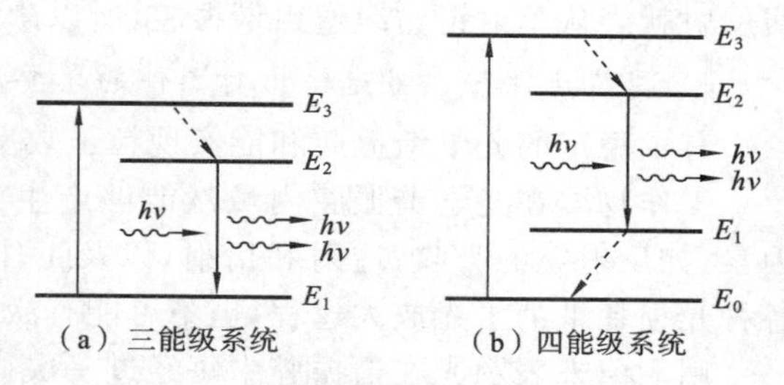

图 1-11 三能级系统和四能级系统

此时若有频率为 $\nu=(E_2-E_1)/h$ 的外来光子的激励，将诱发 E_2 上粒子的受激辐射，并使同样频率的光得到放大。红宝石就是具有这种三能级系统的典型工作物质。

三能级系统中，由于激光的下能级是基态，为了达到粒子数反转，必须把半数以上的基态粒子泵浦到上能级，因此要求很高的泵浦功率。

四能级系统如图 1-11(b)所示，它与三能级系统的区别是在亚稳态 E_2 与基态 E_0 之间还有一个高于基态的能级 E_1。由于能级 E_1 基本上是空的，这样 E_2 与 E_1 之间就比较容易实现粒子数反转，所以四能级系统的效率一般比三能级系统的高。

以钕离子为工作粒子的固体物质，如钕玻璃、掺钕钇铝石榴石晶体以及大多数气体激光工作物质都具有这种四能级系统的能级结构。

三能级系统和四能级系统的能级结构的特点是都有一个亚稳态能级，这是工作物质实现粒子数反转必需的条件。

3) 光学谐振腔——激光持续产生的源泉

(1) 谐振腔功能：虽然工作物质实现了粒子数反转就可以产生相同频率、相位和偏振的光子，但此时光子的数目很少且传播方向不一。

如果在工作物质两端面加上一对反射镜，或在两端面镀上反射膜，使光子来回通过工作物质，光子的数目就会像滚雪球似地越滚越多，形成一束很强且持续的激光输出。

把由两个或两个以上光学反射镜组成的器件称为光学谐振腔，如图 1-12 所示。

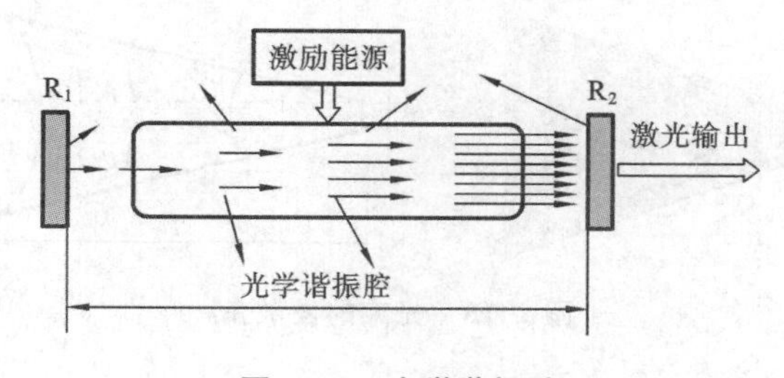

图 1-12 光学谐振腔

(2) 谐振腔结构：两块反射镜置于激光工作物质两端，反射镜之间的距离为腔长。其中，反射镜 R_1 的反射率接近 100%，称为全反射镜，也称为高反镜；反射镜 R_2 部分反射激光，称为部分反射镜，也称为低反镜(半反镜)。

全反射镜和部分反射镜不断引起激光器谐振腔内的受激振荡，并允许激光从部分反射镜一端输出，故部分反射镜又称激光器窗口。

在谐振腔内，只有沿轴线附近传播的光才能被来回反射形成激光，而离轴光束经几次来回反射就会从反射镜边缘逸出谐振腔，所以激光光束具有很好的方向性。

4）阈值条件——激光输出对器件的总要求

有了稳定的光学谐振腔和能实现粒子数反转的工作物质，还不一定能产生激光输出。

工作物质在光学谐振腔内虽然能够产生光放大，但在谐振腔内还存在着许多光的损耗因素，如反射镜的吸收、透射和衍射，以及工作物质不均匀造成的光线折射和散射等。如果各种光损耗抵消了光放大过程，也不可能有激光输出。

用阈值来表示光在谐振腔中每经过一次往返后光强改变的趋势。

若阈值小于1，意味着往返一次后光强减弱。来回多次反射后，它将变得越来越弱，因而不可能建立激光振荡。因此，实现光振荡并输出激光，除了具备合适的工作物质和稳定的光学谐振腔外，还必须减少损耗，达到产生激光的阈值条件。

5）产生激光的充要条件

(1) 要有含亚稳态能级的工作物质。

(2) 要有合适的泵浦源，使工作物质中的粒子被抽运到亚稳态并实现粒子数的反转分布，以产生受激辐射光放大。

(3) 要有光学谐振腔，使光往返反馈并获得增强，从而输出高定向、高强度的激光。

(4) 要满足激光产生的阈值条件。

综上所述，激光(laser)的产生就是受激辐射的光放大效应(light amplification by stimulated emission of radiation)可以顺利进行的过程。

1.1.2 激光的特性

1. 激光的方向性

1）光束方向性指标——发散角 θ

激光光束发散角 θ 是衡量光束从其中心向外发散程度的指标，如图1-13所示。通常把发散角的大小作为光束方向性的定量指标。

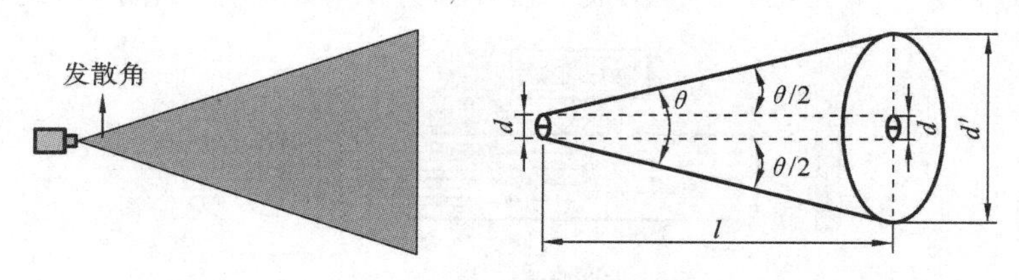

图1-13 光束的发散角

2）激光光束的发散角 θ

普通光源向四面八方发散，发散角 θ 很大。例如，点光源的发散角约为 4π 弧度。

激光光束基本上可以认为是沿轴向传播的，发散角 θ 很小，例如，氦氖激光器发散角约为 10^{-3} 弧度。

对比一下可以发现，激光束的发散角 θ 不到普通光源的万分之一。

使用激光照射距离地球约38万千米的月球，激光在月球表面的光斑直径不到2 km。若换成看似平行的探照灯光柱射向月球，其光斑直径将覆盖整个月球。

2. 激光的单色性

1）光束单色性指标——谱线宽度 $\Delta\lambda$

光束的颜色由光的波长（或频率）决定，单一波长（或频率）的光称为单色光，发射单色光的光源称为单色光源，如氖灯、氦灯、氖灯、氢灯等。

真正意义上的单色光源是不存在的，它们的波长（或频率）总会有一定的分布范围，如氖灯红光的单色性很好，谱线宽度范围仍有 0.00001 nm。

波长（或频率）的变动范围称为谱线宽度，用 $\Delta\lambda$ 表示，如图 1-14 所示。通常把光源的谱线宽度作为光束单色性的定量指标，谱线宽度越小，光源的单色性越好。

2）激光光束的谱线宽度

普通光源单色性最好的是氪灯，其发射波长为 605.8 nm，谱线宽度为 4.7×10^{-4} nm。波长为 632.8 nm 的氦氖激光器产生的激光谱线宽度小于 10^{-8} nm，其单色性比氪灯的好 10^{5} 倍。

由此可见，激光束的单色性远远超过任何一种单色光源。

3. 激光的相干性

1）光束相干性指标——相干长度 L

两束频率相同、振动方向相同、有恒定相位差的光称为相干光。

光的相干性可以用相干长度 L 来表示，相干长度 L 与光的谱线宽度 $\Delta\lambda$ 有关，谱线宽度 $\Delta\lambda$ 越小，相干长度 L 越长。

2）激光光束的相干长度

普通单色光源如氖灯、纳光灯等的谱线宽度在 $10^{-3}\sim10^{-2}$ nm 范围，相干长度在 1 mm 到几十厘米的范围。氦氖激光器的谱线宽度小于 10^{-8} nm，其相干长度可达几十千米。

由此可见，激光光束的相干性也远远超过任何一种单色光源。

4. 激光的高亮度

1）光束亮度指标——光功率密度

光束亮度是光源在单位面积上向某一方向的单位立体角内发射的功率，简述为光功率/光斑面积，单位为 W/cm^2。由此看出，光束亮度实际上是光功率密度的另外一种表述形式。

2）激光光束的光斑面积小

激光光束总的输出功率虽然不大，但由于光束发散角小，其亮度也高。例如，发散角从 180°缩小到 0.18°，亮度就可以提高 100 万倍，如图 1-15 所示。

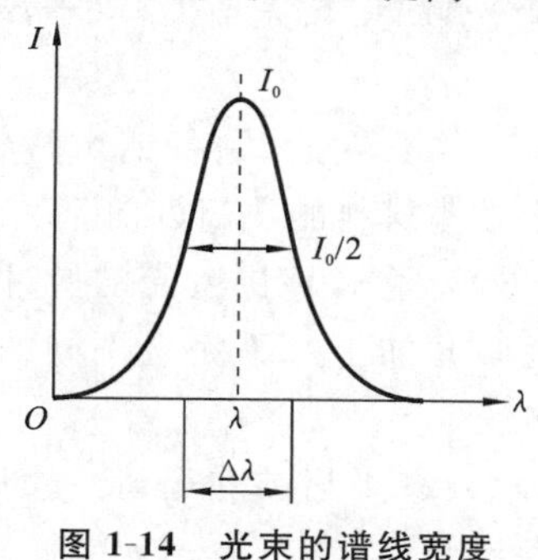

图 1-14 光束的谱线宽度

180°
日光灯
0.18°
激光器

图 1-15 激光亮度

3）激光器的高功率

脉冲激光器的功率分为平均功率密度和峰值功率密度。

平均功率密度＝平均功率（功率计测得的功率）/光斑面积

峰值功率密度＝平均功率×单位时间/重复频率/脉宽/光斑面积

4）通过调Q技术压缩脉宽

有结果显示，脉冲激光器的光谱亮度可以比白炽灯的亮度大 2×10^{20} 倍。

1.2 激光制造概述

1.2.1 激光制造技术领域

激光制造技术按激光束对加工对象的影响尺寸范围，可以分为以下三个领域。

1. 激光宏观制造技术

（1）定义：激光宏观制造技术一般指激光束对加工对象的影响尺寸范围在几毫米到几十毫米之间的加工工艺过程。

（2）主要工艺方法：激光宏观制造技术包括激光表面工程（包括激光表面处理、激光淬火、激光喷涂、激光蒸气沉积以及激光冲击硬化等，激光打标可归类在激光表面处理）、激光焊接、激光切割、激光增材制造等主要工艺方法。

2. 激光微加工技术

（1）定义：激光微加工技术一般指激光光束对加工对象的影响尺寸范围在几微米到几百微米之间的加工工艺过程。

（2）主要工艺方法：激光微加工技术包括激光精密切割、激光精密钻孔、激光烧蚀和激光清洗等主要工艺方法。

3. 激光微纳制造技术

（1）定义：激光微纳制造技术一般指激光光束对加工对象的影响尺寸范围在纳米到亚微米之间的加工工艺过程。

（2）主要工艺方法：激光微纳制造技术包括飞秒激光直写、双光子聚合、干涉光刻、激光诱导表面纳米结构等主要工艺方法。

纳米尺度材料具有宏观尺度材料所不具备的一系列优异性能，制备纳米材料有许多途径，其中超快激光微纳制造成为通过激光手段制备纳米结构材料的热门方向。

超快激光一般是指脉冲宽度短于 10 ps 的皮秒和飞秒激光，超快激光的脉冲宽度极窄、能量密度极高、与材料作用的时间极短，会产生与常规激光加工几乎完全不同的机理，能够实现亚微米与纳米级制造、超高精度制造和全材料制造。

激光增材制造和超快激光微纳制造是激光制造技术领域中当前和今后一段时间的两个热点，已经被列入“增材制造和激光制造”国家重点研发计划。

1.2.2　激光制造分类与特点

1. 激光制造分类

从激光原理可知，激光具有单色性好、相干性好、方向性好、亮度高等四大特性，俗称三好一高。

激光宏观制造技术可以分为激光常规制造和激光增材制造两个大类，激光宏观制造技术主要利用了激光的高亮度和方向性好两个特点。

1）激光常规制造

（1）基本原理：把具有足够亮度的激光光束聚焦后照射到被加工材料上的指定部位，被加工材料在接受不同参量的激光照射后可以发生气化、熔化、金相组织以及内部应力变化等现象，从而达到工件材料去除、连接、改性和分离等不同的加工目的。

（2）主要工艺方法：如图 1-16 所示，激光常规制造主要工艺方法包括激光表面工程（包括激光表面处理、激光淬火、激光喷涂、激光蒸气沉积以及激光冲击硬化等，国内常见的激光打标也可以归类在激光表面处理内）、激光焊接、激光切割等主要工艺方法。

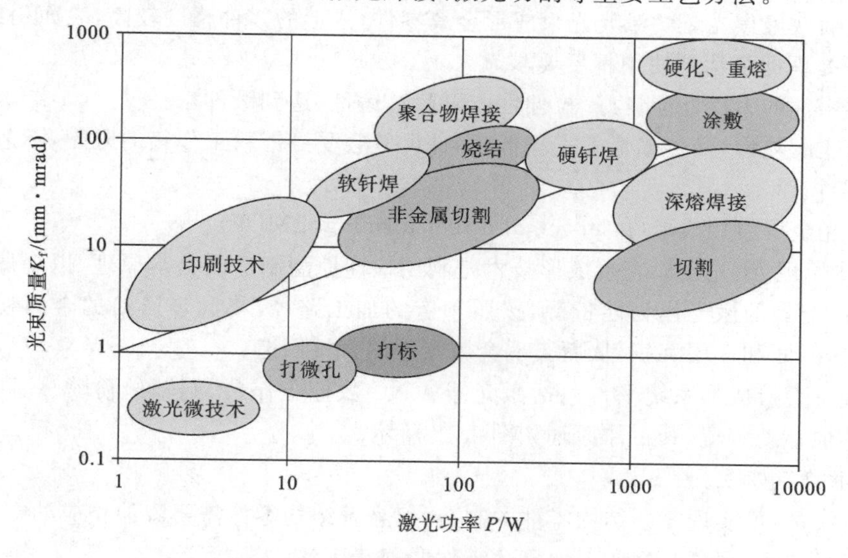

图 1-16　激光常规制造主要工艺方法

2）激光增材制造（laser additive manufacturing，LAM）

激光增材制造技术是一种以激光为能量源的增材制造技术，按照成形原理进行分类，可以分为激光选区熔化和激光金属直接成形两大类。

（1）激光选区熔化（selective laser melting，SLM）。

① 工作原理：激光选区熔化技术是利用高能量的激光光束，按照预定的扫描路径，扫描预先在粉床铺覆好的金属粉末并将其完全熔化，再经冷却凝固后成形工件的一种技术，其工作原理如图 1-17 所示。

② 技术特点如下。

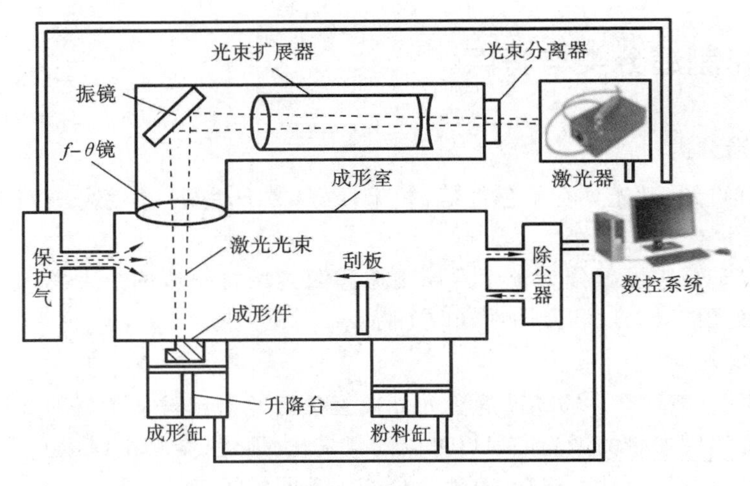

图 1-17 激光选区熔化工作原理

- 成形原料一般为金属粉末，主要包括不锈钢、镍基高温合金、钛合金、钴-铬合金、高强铝合金以及贵重金属等。
- 采用细微聚焦光斑的激光光束成形金属零件，成形的零件精度较高，表面稍经打磨、喷砂等简单后处理即可达到使用精度要求。
- 成形零件的力学性能良好，拉伸性能可超过铸件，达到锻件水平。
- 进给速度较慢，导致成形效率较低，零件尺寸会受到铺粉工作箱的限制，不适合制造大型的整体零件。

(2) 激光金属直接成形(laser metal direct forming，LMDF)。

① 工作原理：激光金属直接成形技术是利用快速原型制造的基本原理，以金属粉末为原材料，采用高能量的激光作为能量源，按照预定的加工路径，将同步送给的金属粉末进行逐层熔化，快速凝固和逐层沉积，从而实现金属零件的直接制造。

激光金属直接成形系统平台包括激光器、CNC 数控工作台、同轴送粉喷嘴、高精度可调送粉器及其他辅助装置，其工作原理如图 1-18 所示。

② 技术特点如下。

- 无需模具，可实现复杂结构零件的制造，但悬臂结构零件需要添加相应的支撑结构。
- 成形尺寸不受限制，可实现大尺寸零件的制造。
- 可实现不同材料的混合加工与制造梯度材料。
- 可对损伤零件实现快速修复。
- 成形组织均匀，具有良好的力学性能，可实现定向组织的制造。

2. 激光制造的特点

1) 一光多用

在同一台设备上用同一个激光源，通过改变激光源的控制方式就能分别实现同种材料的切割、打孔、焊接、表面处理等多种加工，既可分步加工，又可在几个工位同时加工。

图 1-19 是一台四光纤传输灯泵浦激光焊接机的光路系统示意图，灯泵浦激光器发出的

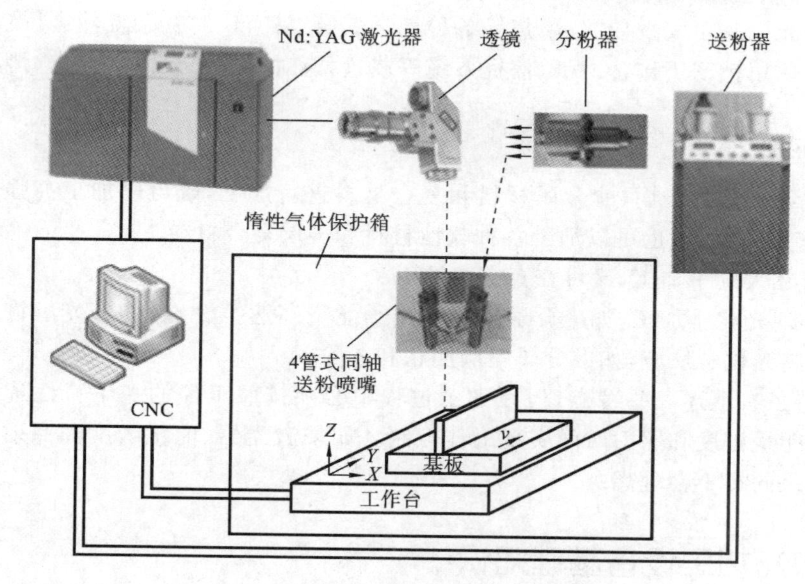

图 1-18 激光金属直接成形工作原理

单光束激光经过45°反射镜1反射后，再分别经过45°反射镜2、3、4、5分为四束激光，通过耦合透镜将四束激光耦合进入光纤进行传输，再通过准直透镜准直为平行光作用于工件上，实现了四光束同时加工，大大提高了加工效率。

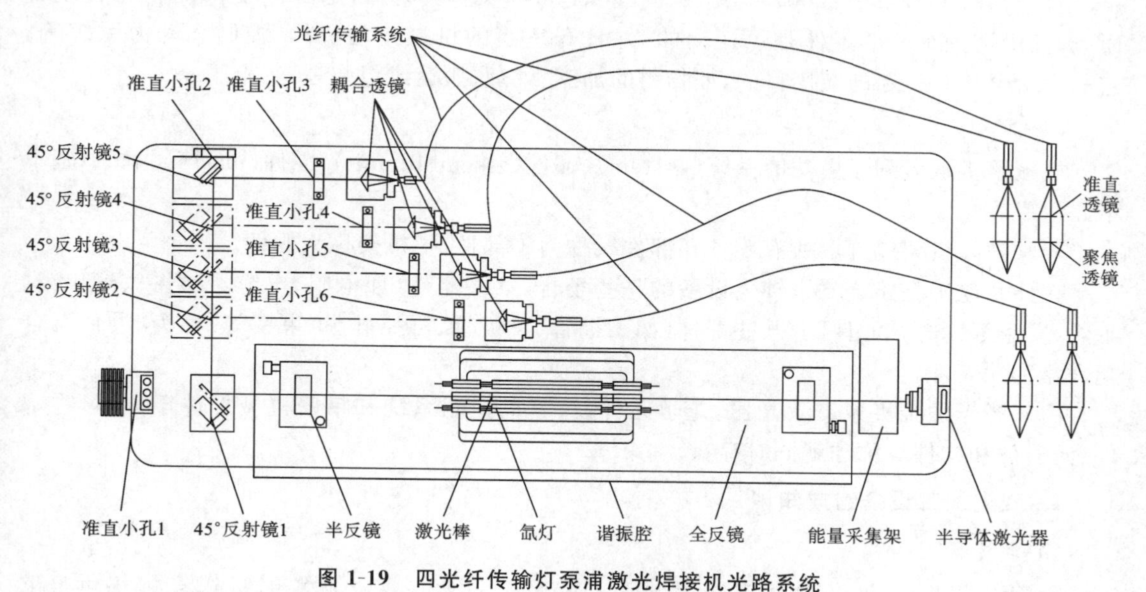

图 1-19 四光纤传输灯泵浦激光焊接机光路系统

2) 一光好用

(1) 在短时间内完成非接触柔性加工，工件无机械变形，热变形极小，后续加工量小，被加工材料的损耗也很少。

(2) 利用导光系统可将光束聚集到工件的内表面或倾斜表面上进行加工，也可穿过透光物质(如石英、玻璃)，对其内部零部件进行加工。

(3) 激光光束易于实现导向、聚焦等各种光学变换,易实现对复杂工件进行自动化加工。

(4) 通过使用精密工作台、视觉捕捉系统等装置,能对被加工表面状况进行监控,能进行精细微加工。

3) 多光广用

(1) 可对绝大多数金属、非金属材料和复合材料进行加工,既可以加工高强度、高硬度、高脆性及高熔点的材料,也可以加工各种软性材料和多层复合材料。

(2) 既可在大气中加工,又可在真空中加工。

(3) 可实现光化学加工,如准分子激光的光子能量高达 7.9 ev,能够光解许多分子的键能,引发或控制光化学反应,如准分子膜层淀积和去除。

激光制造虽有上述一些特点,但在加工过程中必须按照工件的加工特性选择合适的激光器,对照射能量密度和照射时间实现最佳控制。如果激光器、能量密度和照射时间选择不当,则加工效果同样不会理想。

1.2.3 激光加工设备基础知识

1. 机械设备组成知识

1) 定义

根据 GB/T 18490—2001 定义,机械(machine),又称为机器,是由若干个零件、部件组合而成,其中至少有一个零件是可运动的,并且有适当的机械致动机构、控制和动力系统等。它们的组合具有一定的应用目的,如物料的加工、处理、搬运或包装等。

2) 组成

机械整机从大到小由功能系统(system)、部件(assembly unit)、零件(machine part)基本单元组成。

通常把除机架以外的所有零件和部件统称为零部件,把机架称为构件。

在涉及电子电路、光学、钟表设备的一些场合,某些零件(如电阻、电容、反射镜、聚焦镜、游丝、发条等)称为“元件”。某些部件(如三极管、二极管、可控硅、扩束镜等)称为“器件”,合起来称为元器件。

由于激光加工机械集激光器、光学元件、计算机控制系统和精密机械部件于一体,零部件、元器件和构件等称呼就同时存在。

2. 激光加工设备组成知识

1) 定义

根据 GB/T 18490—2001 定义,激光加工机械是包含有一台或多台激光器,能提供足够的能量/功率使至少有一部分工件融化、气化,或者引起相变的机械(机器),并且在准备使用时具有功能上和安全上的完备性。

根据以上定义和机械组成的基本概念可知,一台完整的激光加工设备应由激光器系统、激光导光及聚焦系统、运动系统、冷却与辅助系统、控制系统、传感与检测系统六大功能系统组成,其核心为激光器系统。

值得提醒的是，根据功能要求不同，激光加工设备通常并不需要配置以上所有的功能系统，如激光打标机。

2）系统组成分析实例

图1-20是机架式30 W射频CO_2激光打标机的结构图。

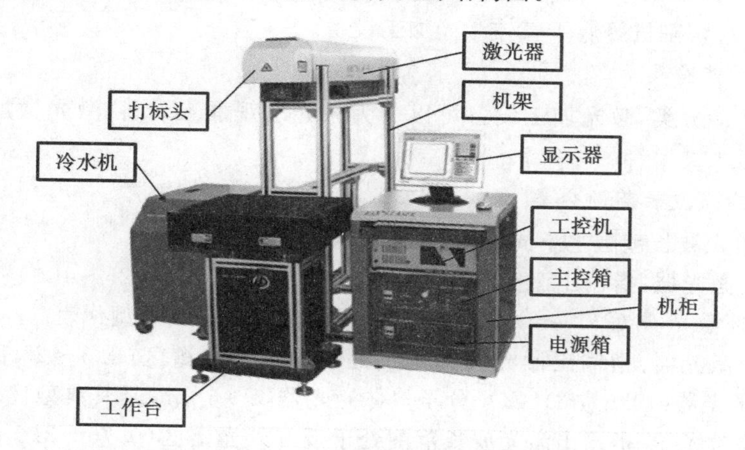

图1-20 机架式30 W射频CO_2激光打标机总体结构

从外观上看，30 W射频CO_2激光打标机主要由电源箱、机柜、主控箱、工控机、显示器、机架、激光器、打标头、冷水机、工作台等几大部件和器件组成。

按照激光加工设备的功能定义，电源箱和激光器构成了设备的激光器系统，主控箱、工控机、显示器构成了设备的控制系统，打标头构成了设备的导光及聚焦系统，工作台构成了设备的运动系统，机柜、冷水机构成了设备的冷却与辅助系统。由此看出，该台射频CO_2激光打标机没有配备传感与检测系统，但这并不影响其使用功能。

3. 激光加工设备分类知识

1）按激光输出方式分类

（1）连续激光加工设备：连续激光加工设备的特点是工作物质的激励和相应的激光输出可以在一段较长的时间范围内持续进行，连续光源激励的固体激光器和连续电激励的气体激光器及半导体激光器均属此类，如光纤激光切割机和CO_2气体激光切割机。

激光器连续运转过程中器件会产生过热效应，需采取适当的冷却措施。

（2）脉冲激光加工设备：脉冲激光加工设备可以分为单次脉冲和重复脉冲激光加工设备。

① 单次脉冲激光加工设备：单次脉冲激光加工设备中，激光器工作物质的激励和激光发射从时间上来说是一个单次脉冲过程。某些固体激光器、液体激光器及气体激光器均可以采用此方式运转，此时器件的热效应可以忽略，故某些设备可以不采取冷却措施。

典型的单次脉冲激光加工设备有激光打孔机、珠宝首饰焊接机等。

② 重复脉冲激光加工设备：重复脉冲激光加工设备中，激光器输出一系列的重复激光脉冲。激光器可相应以重复脉冲的方式激励，或以连续方式激励但以一定方式调制激光振荡过程，以获得重复脉冲激光输出，此时通常要求对器件采取有效的冷却措施。

重复脉冲激光加工设备种类很多，典型的重复脉冲激光加工设备有固体激光焊接机、固体及气体打标机等。

2）按激光器类型分类

按照激光器类型分类，激光加工设备可以分为固体和气体激光加工设备。

如氙灯泵浦 YAG 激光切割机、光纤激光切割机等属于固体激光加工设备，射频 CO_2 切割机、玻璃管 CO_2 切割机等属于气体激光加工设备。

3）按加工功能分类

按照加工功能分类，激光加工设备可以分为激光宏观加工设备、激光微加工设备、激光微纳制造设备三大类。

4）按激光输出波长范围分类

根据输出激光波长范围之不同，可将激光器区分为以下几种。

(1) 远红外激光器：指输出激光波长范围处于远红外光谱区（25～1000 μm）的激光器，NH_3 分子远红外激光器（281 μm）、长波段自由电子激光器是其典型代表。

(2) 中红外激光器：指输出激光波长范围处于中红外光谱区（2.5～25 μm）的激光器，CO_2 分子气体激光器（10.6 μm）、CO_2 分子气体激光器（5～6 μm）是其典型代表。

(3) 近红外激光器：指输出激光波长范围处于近红外光谱区（0.75～2.5 μm）的激光器，掺钕固体激光器（1.06 μm）、CaAs 半导体二极管激光器（约 0.8 μm）是其典型代表。

(4) 可见光激光器：指输出激光波长范围处可见光光谱区（0.4～0.7 μm）的激光器，红宝石激光器（6943 Å）、氦氖激光器（6328 Å）、氩离子激光器（4880 Å、5145 Å）、氪离子激光器（4762 Å、5208 Å、5682 Å、6471 Å）以及某些可调谐染料激光器等是其典型代表。

(5) 近紫外激光器：指输出激光波长范围处于近紫外光谱区（0.2～0.4 μm）的激光器，氮分子激光器（3371 Å）、氟化氙（XeF）准分子激光器（3511 Å、3531 Å）、氟化氪（KrF）准分子激光器（2490 Å）以及某些可调谐染料激光器等是其典型代表。

(6) 真空紫外激光器：指输出激光波长范围处于真空紫外光谱区（50～2000 Å）的激光器，氢（H）分子激光器（1644～1098 Å）、氙（Xe）准分子激光器（1730 Å）等是其典型代表。

(7) X 射线激光器：指输出激光波长范围处于 X 射线谱区（0.01～50 Å）的激光器，目前仍处于探索阶段。

5）按激光传输方式分类

按照激光传输方式分类，激光加工设备可以分为硬光路和软光路激光加工设备。

硬光路是指激光器产生的激光通过各类镜片传输并作用在工件上，适用各类峰值功率要求较高的加工设备，但由于其光路是固定的，结构比较笨重，光路控制不灵活，不利于工装夹具的放置。

软光路是指激光器产生的激光通过光纤作为传输介质作用在工件上，光纤传输的光斑功率密度均匀，输出端体积小，适用于各类自动线生产中，但传输的功率较小。

1.2.4 激光与加工材料相互作用的机理

激光与物质的相互作用，既包括复杂的微观量子过程，也包括激光作用于各种介质材料所发生的宏观现象，如激光的反射、吸收、折射、衍射、干涉偏振、光电效应、气体击穿等。

1. 激光与材料相互作用的能量变化过程

激光与材料相互作用时，两者的能量转化遵守能量守恒定律，有

$$E_0 = E_{反射} + E_{吸收} + E_{透射} \tag{1-4}$$

其中，E_0 为入射到材料表面的激光能量，$E_{反射}$ 为被材料反射的能量，$E_{吸收}$ 为被材料吸收的能量，$E_{透射}$ 为激光透过材料后仍保留的能量。式(1-4)可转化为

$$1 = E_{反射}/E_0 + E_{吸收}/E_0 + E_{透过}/E_0$$

即

$$1 = R + \alpha + T$$

式中：R 为反射系数；α 为吸收系数；T 为透射系数。当材料对激光不透明时，$E_{透过}=0$，则 $1=R+\alpha$。

大多数金属和非金属材料对激光是不透明的，一部分非金属材料对激光是部分透明的，如有机玻璃、水晶材料等。

2. 激光与材料相互作用的物态变化

1) 激光照射金属材料

激光照射金属材料表面时，在不同的功率密度和照射时间下，材料表面区域将发生不同的变化，如图 1-21(a)、(b)、(c)、(d)所示。

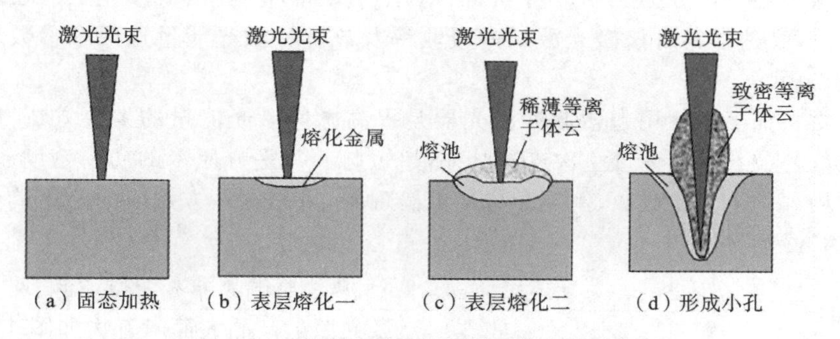

图 1-21 激光照射金属材料时的主要过程

(1) 固态加热：激光功率密度较低、照射时间较短时，金属吸收的激光能量只能引起材料由表及里温度升高，但维持固相不变。

这个过程主要用于零件退火和相变硬化处理。

(2) 表层熔化一：激光功率密度提高、照射时间加长时，金属吸收的激光能量使材料表层逐渐熔化，随着输入能量增加，液-固分界面逐渐向材料深部移动。

这个过程主要用于金属的表面重熔、合金化、熔覆和热导型焊接。

(3) 表层熔化二：进一步提高激光功率密度、加长照射时间，材料表面不仅熔化而且气化，形成增强吸收等离子体云。气化物集聚在材料表面附近并电离形成微弱等离子体，有助于材料对激光的吸收。在气化膨胀压力下液态表面形成凹坑。

这个过程主要用于激光焊接。

(4) 形成小孔及阻隔激光的等离子体云：再进一步提高功率密度、加长照射时间，材料表面强烈气化形成较高电离密度的等离子体云，这种致密的等离子体云对激光有屏蔽作用，大大降低了激光入射到材料内部的能量密度。在较大的蒸汽反作用力下，熔化的金属内部形

成小孔，通常称之为匙孔，匙孔的存在有利于材料对激光的吸收。

这一阶段可用于激光深熔焊接、切割和打孔、冲击硬化等。

由以上分析可知，随着激光功率密度与照射时间的增加，金属材料将会发生相变态→液态→气态→等离子态几种物态变化。

2）激光照射非金属材料

非金属材料可以分为有机非金属材料、无机非金属材料和复合材料三个大类。

激光加工中常见的无机非金属材料有陶瓷、玻璃、水晶及硅片等，有机非金属材料有木材、皮革、纸张、有机玻璃、橡胶、树脂和合成纤维等，复合材料的种类更是繁多。

非金属材料表面对激光的反射率比金属表面要低得多，有利于激光加工。

有机非金属材料的熔点或软化点一般比较低，有的吸收了激光光能后内部分子振荡加剧，使通过聚合作用形成的巨分子又解聚迅速汽化，如激光切割有机玻璃。有机非金属材料经过激光加工部位的边缘可能会炭化。

无机非金属材料的导热性一般较差，激光会沿着加工路线产生很大的热应力使材料产生裂缝或破碎。线胀系数小的材料如石英不容易破碎，线胀系数大的材料如玻璃和陶瓷等容易破碎。

非金属材料还可以分为透明非金属材料和不透明非金属材料，激光照射在玻璃或其他高透材料上时，高透材料对该激光波长的吸收率及该脉冲激光能量这两个参数对激光加工效果起决定作用。

在透明材料加工中使用超短脉冲激光器是提高脉冲激光能量的主要方法，即使用超快激光器在近红外波长范围内产生次皮秒脉冲，超短脉冲每平方厘米的功率密度超过太瓦，引发透明材料内部的多光子吸收、雪崩和碰撞电离现象，采用这一方法时的热影响可以忽略不计，通常称为“冷消融”。

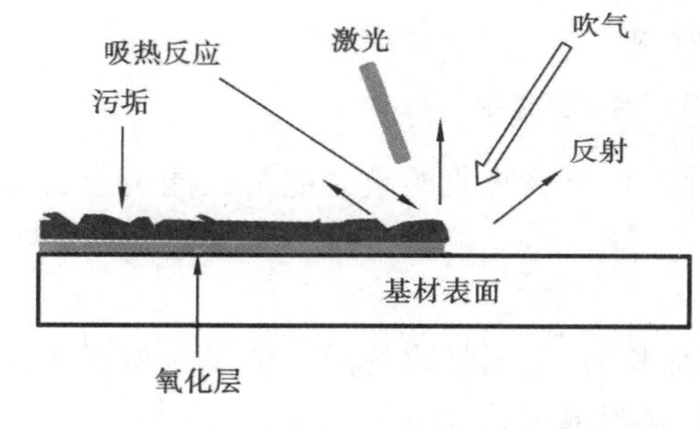

图 1-22　激光照射产品表面附着物示意图

3）激光照射产品表面附着物

激光照射产品表面附着物如图 1-22 所示，表面附着物以油污、氧化物锈迹、油漆和污垢为主。

(1) 光气化/光分解：激光光束在焦点附近产生几千度至几万度高温使表面附着物瞬间气化或分解。

(2) 光剥离：激光光束使表面附着物受热膨胀，当膨胀力大于基体之间的吸附力时物体表面附着物便会从物体的表面脱离。

(3) 光振动：利用较高频率和功率的脉冲激光冲击物体的表面，在物体表面产生超声波，超声波在冲击中下层硬表面以后返回，与入射声波发生干涉，从而产生高能共振波，使表面附着物发生微小爆裂、粉碎、脱离基体物质表面，当工件与表面附着物对激光光束的吸收系数差别不大，或者表面附着物受热后会产生有毒物质等情况时，可以选用这种方式。

4）激光照射生物组织

激光与生物组织相互作用后引起的组织变化称为激光的生物效应。

激光的生物效应是激光的热作用、压强作用、光化作用、电磁场作用和生物刺激作用所致,其中最重要的是激光的热作用和光化作用。

激光的热作用是生物组织吸收激光后温度升高的现象。当激光热作用较弱时可以给生物组织能量以改变病理状态恢复健康。当激光热作用较强时可以造成生物组织局部粘连焊接、气化、凝固和切除,达到激光医疗的目的。

激光直接引起生物的生化作用称为光化作用,光化反应有视觉作用、光合作用、光敏作用等类型,激光会使光化反应更为方便、易控、有效和广泛。

3. 影响金属对激光吸收率的因素

金属对激光的吸收与波长、材料性质、温度、表面状况、功率密度等因素有关。

1)波长、金属材料性质的影响

常用金属在室温下的反射率与波长的关系曲线如图 1-23 所示,总体而言是激光波长短、反射率低、吸收率高。材料导电性好、吸收率低。

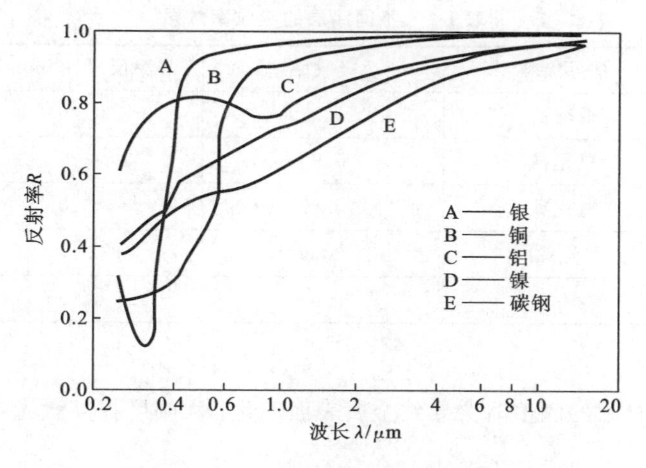

图 1-23 金属反射率与波长的关系

在红外区,近似的有 $A \propto \lambda/2$,随着波长的增加,吸收率减小,反射率增大。大部分金属对 10.6 μm 波长红外光反射强烈,而对 1.06 μm 波长红外光反射较弱。在可见光及其附近区域,不同金属材料的反射率呈现错综复杂的变化。

在 $\lambda > 2$ μm 的红外光区,所有金属的反射率都表现出接近于 1 的共同规律。

2)温度的影响

金属材料在室温时的激光吸收率均很小,随温度升高而增大。

当温度升高到接近材料熔点时,激光吸收率可达 40%~50%,温度接近沸点,吸收率可高达 90%。

某些金属对 1 μm 波长光波吸收率随温度变化的试验结果如图 1-24 所示。

3)表面状况的影响

金属表面状态对入射激光的吸收影响较大。

在实际激光加工中,金属材料在高温下形成的氧化膜可显著增大对波长为 10.6 μm 激光的吸收率。

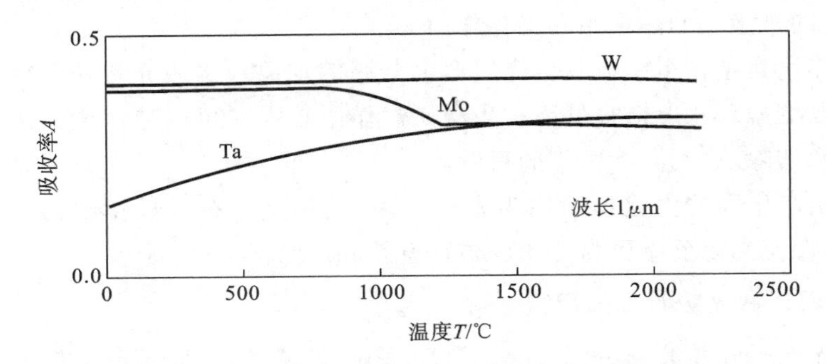

图 1-24 几种金属对 1 μm 波长光波吸收率与温度关系

金属表面越粗糙,对激光的吸收率越高,如对金属表面进行喷砂、涂层处理,都可有效增大金属对激光的吸收率,常见涂层的吸收率如表 1-1 所示。

表 1-1 不同涂层的吸收率数据

常见涂料	吸收率	涂层厚度/mm
磷酸盐	>0.90	0.25
氧化锆	0.90	—
氧化钛	0.89	0.20
炭黑	0.79	0.17
石墨	0.63	0.15

4) 功率密度

功率密度超过材料的阈值时会导致金属表面汽化,大幅度提高激光吸收率。

1.3 激光打标与激光打标机概述

1.3.1 激光打标概述

1. 激光打标原理

激光打标是以激光光束照射被加工工件,使工件表面瞬间发生汽化、熔化、相变等物理或化学的变化,从而在工件表面留下文字、图案刻痕的标记方式。

激光打标图案形成原理可以分为以下三类。

1) 通过物质移动来形成打标图案

(1) 原理:用峰值功率相对高的激光照射工件,加热材料至气化或熔化(金属或非金属材料)从而切除工件上的部分物质,产品有痕迹感和雕刻效果,如图 1-25(a)所示。

(2) 典型产品:齿轮、连杆等金属零件的深雕加工。

2）通过材料表面色彩变化来形成打标图案

（1）原理：用峰值功率相对低的激光照射工件，加热材料至相变（金属材料）或变性（非金属材料）温度从而改变工件材料表面颜色，如图 1-25(b)所示。

（2）典型产品：不锈钢等金属材料的彩色打标，塑料等非金属材料的打黑。

3）通过材料层次移动来形成打标图案

（1）原理：通过移动在多层材料中的某一层或几层材料，从而显示底层材料的颜色，形成颜色对比度，如图 1-25(c)所示。

（2）典型产品：多层商标标签的激光标记。

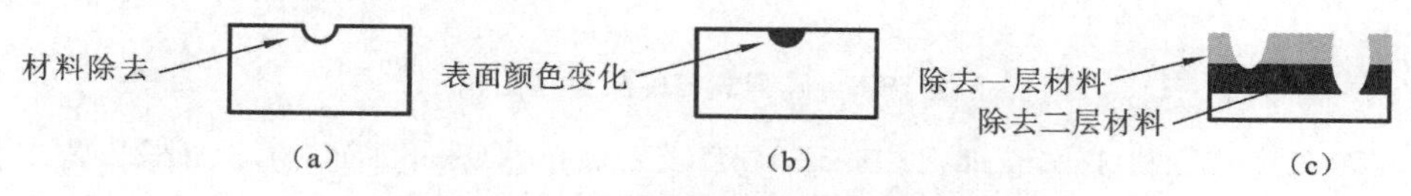

图 1-25　激光打标的物理作用原理示意图

2. 激光打标的主要方式

激光打标按形成标记图案方式可分为三类：掩模式打标、阵列式打标和扫描式打标。

1）掩模式打标（投影式打标）

（1）掩模式打标机典型结构：图 1-26 是掩模式 CO_2 激光打标机的光路系统外形结构图，光路系统内部器件由激光器、掩模板和成像透镜等主要器件组成，如图1-27所示。

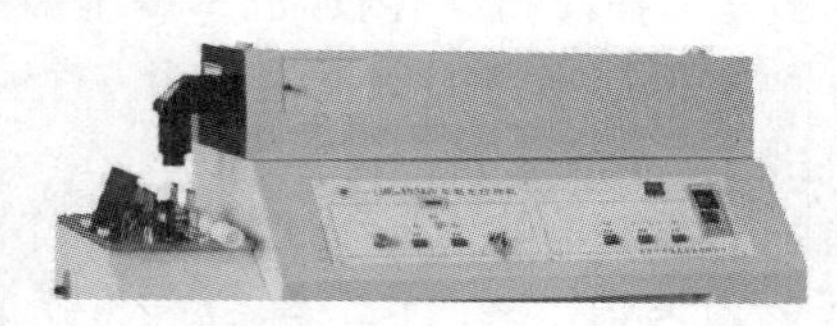

图 1-26　掩模式 CO_2 激光打标机光路系统实物外形图

（2）掩模式打标机工作原理：打标内容雕刻在掩模板上，激光器发出的脉冲激光经过扩束后均匀地投射在掩模上，部分激光从掩模的雕空部分透射，掩模板上的图形通过透镜聚焦后成像到工件表面，受激光辐射的工件材料表面形成可分辨的清晰标记，通常每个脉冲激光形成一个标记。

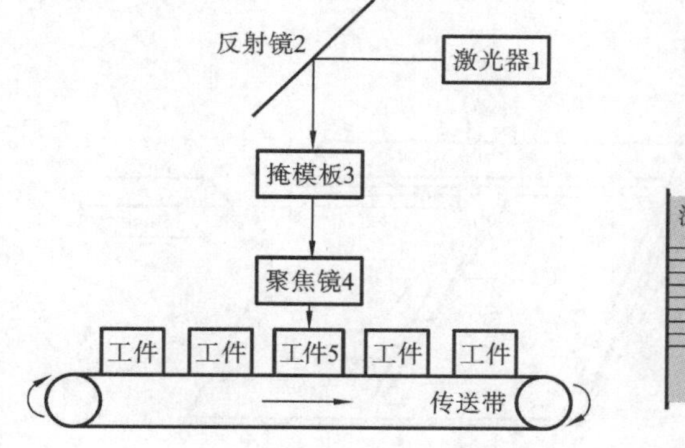

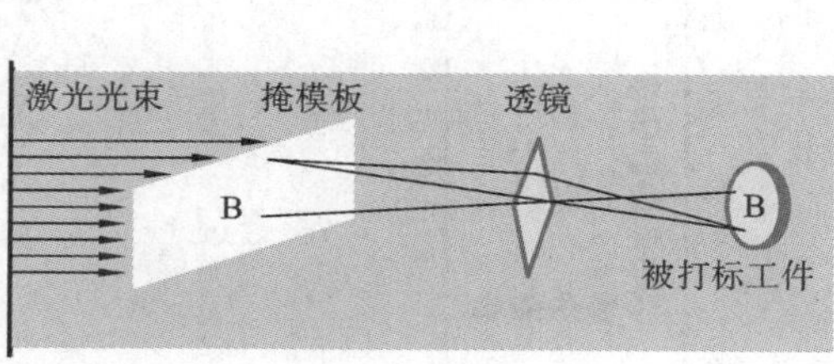

图 1-27　掩模式打标机光路系统内部结构示意图

激光标记内容的变换通过更换掩模板实现。

掩模式打标常用脉冲 CO_2 激光器和脉冲固体 YAG 激光器。

2）阵列式打标

（1）阵列式打标机典型结构：阵列式打标机光路系统由工控机、激光电源、7 个阵列射频

CO_2激光器、光学耦合系统和聚焦镜组成，激光光束投射到在线运动的工件上，如图 1-28 所示。

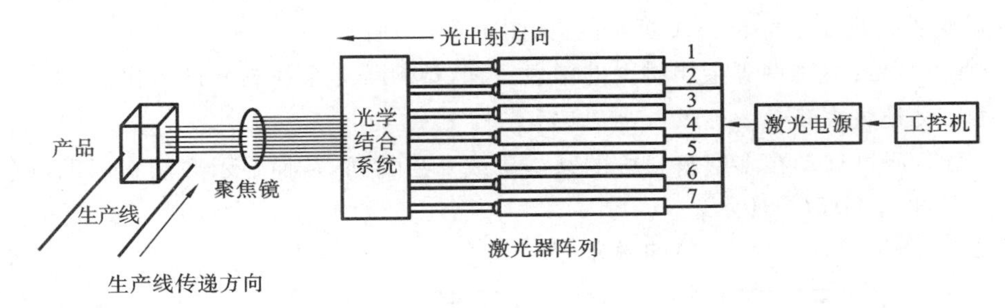

图 1-28　阵列式打标机典型结构

(2) 阵列式打标机工作原理：1～7 号射频 CO_2 激光器竖向排列，在 t_1 时刻，若工控机控制激光电源同时开启，1～7 号激光器阵列将同时发射 7 个脉冲激光，在工件表面上烧蚀出 7 个凹坑，构成了竖笔画 7 个点，形同"1"字。在 t_2 时刻，若工控机控制激光电源只让 7 号激光器开启，则只有最下面的 1 个点；同理，在 t_3、t_4、t_5 时刻都只让 7 号激光器开启，可以看出，在 t_1 到 t_5 的时间范围内形成了一个 7×5 阵列的 L 字母图案，如图 1-29 所示。

常见的字符形成横笔画为 5 个点，竖笔画为 7 个点，形成的 5×7 的阵列，精度要求不太高时 5×5 的阵列也可。

阵列式打标速度最高可达 6000 字符/s，因而成为高速在线打标的理想选择，其缺点是只能标记点阵字符，且只能达到 5×7 的分辨率，对于汉字打标这种精度是不够的。

3) 扫描式打标

(1) 扫描式打标机工作原理：扫描式打标机是将需要打标的图案输入工控机，工控机控制激光器开启和扫描机构运动，使激光在被加工材料表面上扫描形成打标图案。

(2) 扫描式打标机典型结构：扫描机构有机械式扫描和振镜式扫描两种结构形式。

① 机械式扫描：机械扫描式打标机的光路系统主要由激光器、反射镜Ⓐ、反射镜Ⓑ和聚焦透镜构成，如图 1-30 所示。

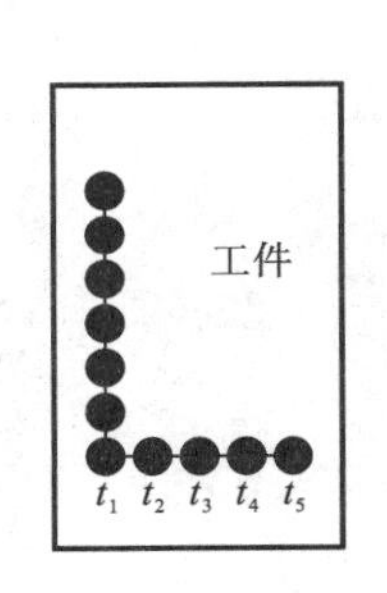

图 1-29　阵列式打标机工作原理

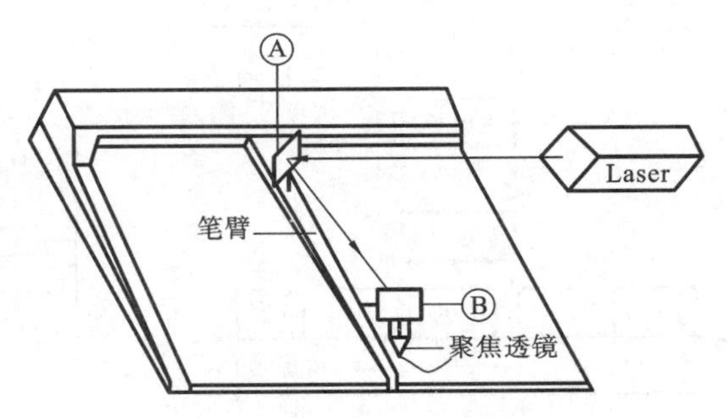

图 1-30　机械扫描式打标原理

机械式扫描通过机械运动方法对反射镜进行 X-Y 坐标的平移，从而改变激光光束到达工件的位置，激光光束经过反射镜Ⓐ、Ⓑ实现光路转折后，再经过聚焦透镜作用到被加工工件上。其中笔臂带着反光镜Ⓐ沿 X 轴方向来回运动；聚焦透镜连同反光镜Ⓑ(两者固定在一起)沿 Y 轴方向运动。

在工控机并口输出控制信号的控制下,Y 方向上的运动与 X 方向上的运动合成使输出激光到达平面内任意点,标刻出任意图形和文字。

② 振镜式扫描:振镜扫描式打标机的光路系统主要由激光器,X、Y 振镜,平场聚焦透镜构成,如图 1-31 所示。

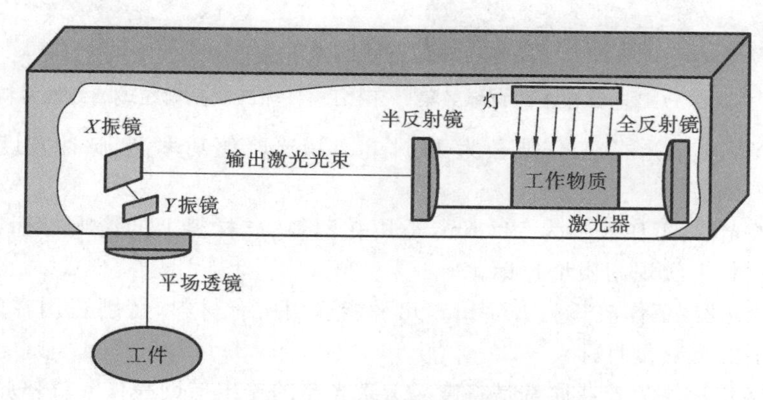

图 1-31 振镜扫描式打标机原理图

激光器发出的激光光束入射到 X、Y 振镜上,X、Y 振镜分别沿 X、Y 轴扫描,用工控机控制反射镜的反射角度,从而控制激光光束的偏转,经平场聚焦透镜聚焦后,使具有一定功率密度的激光聚焦点在打标材料上按所需的要求运动,在材料表面上留下标记图案。

振镜式扫描提高了激光打标质量和速度,但标记面积不如机械式扫描打标大。

1.3.2 激光打标机系统组成

1. 打标机激光器系统

目前,激光打标机的激光器波长范围从紫外激光到中红外激光都有成熟运用,图 1-32 给出了适用于打标应用的激光波长。

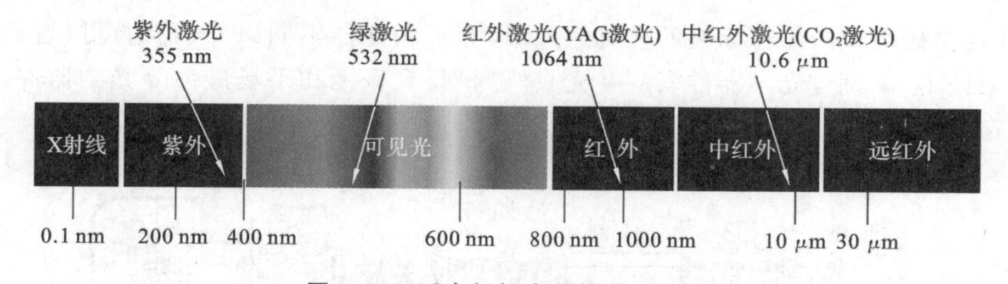

图 1-32 适合打标应用的激光波长

(1) CO_2 激光器:工作波长为 10604 nm,广泛用于标记纸张和木材等有机材料,同时也能标记印刷电路板(PCB 板)和玻璃。图 1-33 显示了 CO_2 激光打标机在 PCB 电路板上打标的效果。

(2) 掺镱光纤激光器:工作波长为 1070 nm,适用金属和塑料材料,使用寿命长,光电效率高、维护需求简单,使用成本低。图 1-34 显示了光纤激光打标机在玻璃纤维(glass-filled plastic)材料上打标的效果。

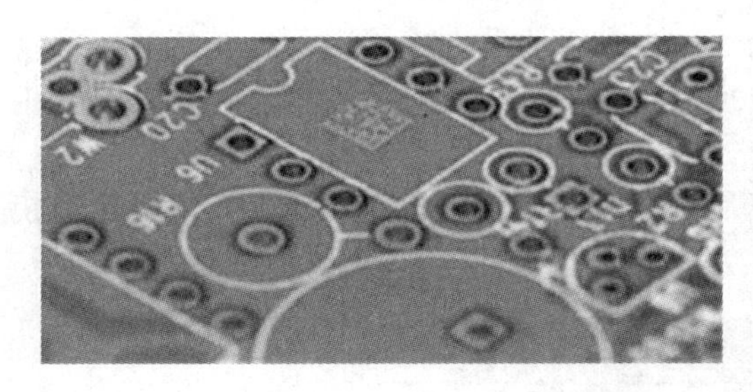

图 1-33　CO_2激光器在 PCB 电路板上的打标效果

图 1-34　光纤激光器在玻璃纤维材料上的打标效果

(3) Nd：YVO_4激光器：工作波长为 1064 nm，激光峰值功率高、脉冲宽度窄，在高分辨率精细打标中得到应用。

(4) 绿光激光器：工作波长为 532 nm，适用在塑料、硅材料上的清晰打标，还能在金、银等反光性强的材料上实现高质量打标。

(5) 紫外激光器：工作波长为 355 nm，几乎能适用所有材料，特别适用在塑料上打标以及在金属材料上的低热量打标。

绿光激光器和紫外激光器通常是将 YVO_4 激光器的输出借助晶体元件倍频，将输出光的波长从 1064 nm 分别变换到 532 nm 和 355 nm。

(6) Nd：YAG 激光器：用于大面积和深度雕刻金属等要求较高激光功率(50～100 W)的应用场合。

上述每种激光器提供不同的输出波长，并且具有不同的峰值功率和脉冲宽度等光学属性，要根据所要标记的材料，以及用户对标记的清晰度、字符大小和输入到零件的热量等要求，选用不同的激光器波长。

除了能够实现打标加工外，激光打标机通常还具备一定的切割、钻孔、抛光、划线、刮削等加工能力。

2. 打标机导光及聚焦系统

振镜式(galvanometer)激光打标机应用最为普遍，我们以它来了解打标机各系统。

1) 振镜式激光打标机导光及聚焦系统主要光学器件

打开各类振镜式激光打标机的光具座外罩，除了激光器不同以外，我们可以看到有指示红光、合束镜、扩束镜等光学器件安装在光具座内部，有振镜和平场透镜等光学器件(又称打标头)装在光具座外部，如图 1-35 所示。

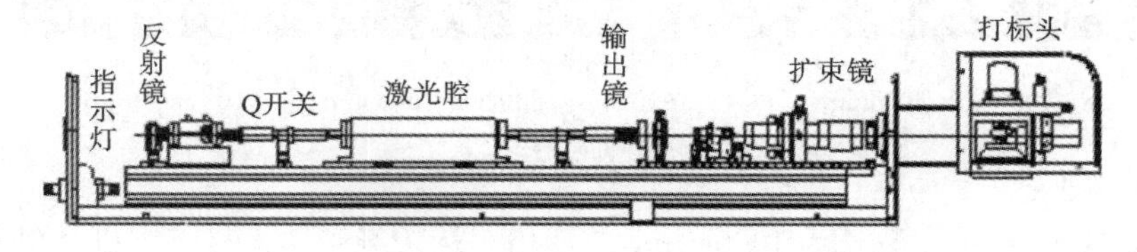

图 1-35　打标机导光及聚焦系统示意图

上述器件构成振镜式激光打标机的导光及聚焦系统，激光传导路径可以简单表述为：激光器→(合束镜，如果有必要)→扩束镜→振镜→聚焦透镜(场镜)→工件。

2）振镜式激光打标机导光及聚焦系统的聚焦方式

按聚焦镜的位置不同，光路系统分为前聚焦和后聚焦两种方式。

(1) 后聚焦方式：在后聚焦方式中，聚焦镜安装在振镜系统之后，是导光及聚焦系统最后一个器件，如图 1-36 所示。

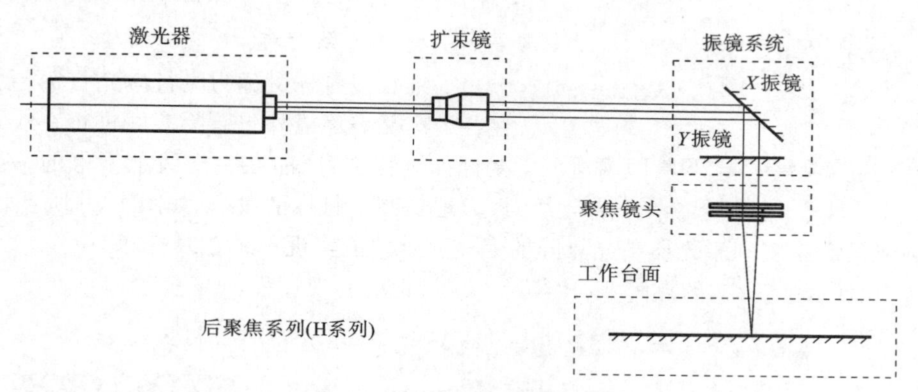

图 1-36 后聚焦光路系统示意图

加工范围与聚焦镜焦距成正比，后聚焦方式聚焦后光斑直径较细，但加工范围比较小。

振镜式激光打标机一般采用后聚焦方式，将聚焦透镜安装在振镜的后面。

聚焦透镜是 $f\text{-}\theta$ 平场透镜，不管光束如何移动，它的焦点位置始终大致保持在一个平面上，保证了在加工区域内的激光光斑大小与能量密度一致，有效地提高了加工质量。

另外，后聚焦方式可以根据加工范围的大小和加工状况随时更换聚焦镜，为设备的维护维修提供了极大的便利。

(2) 前聚焦方式：在前聚焦方式中，聚焦镜安装在振镜系统之前，如图 1-37 所示。

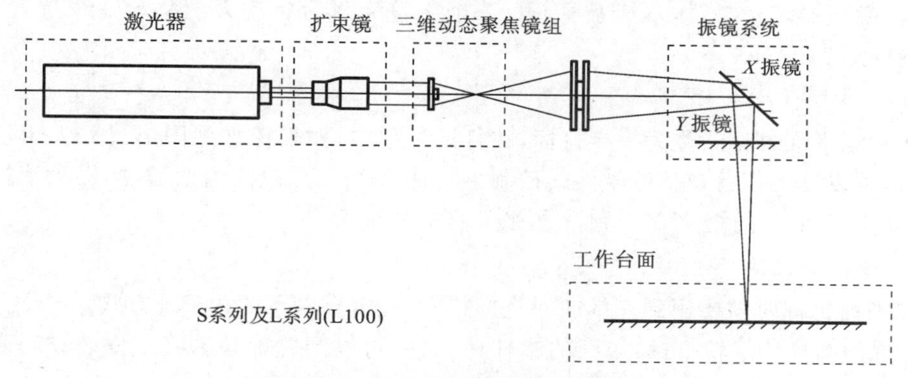

图 1-37 前聚焦光路系统示意图

由于前聚焦方式的光程较长，前聚焦方式聚焦后的光斑直径比较粗，但加工范围较大。

为了克服前聚焦方式聚焦后的光斑直径比较粗的缺点，同时保留加工范围较大的优点，可以在固定聚焦镜的前面加一个动态聚焦镜，通过改变动态聚焦镜的位置可以使得整个打标幅面上离开原点的光斑直径和位于振镜原点的光斑直径基本一致，实现小光斑、大幅面激光打标，如图 1-38 所示。

振镜式大幅面激光加工设备的导光及聚焦系统基本上都是采用上述结构。

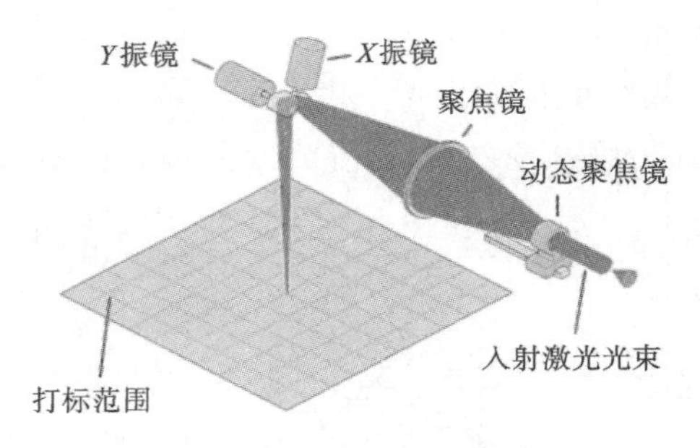

图 1-38 (前聚焦+动态聚焦)示意图

3. 打标机运动系统案例

经过适当组合,激光打标机运动系统可以实现一维在线打标、二维大幅平面打标、三维曲面打标等不同形式的打标。

1) 一维在线打标

一维在线打标又称为飞行激光打标,主要用于在各类产品表面或外包装物表面进行在线式打标。在打标过程中,产品在生产线上不停的一维流动,极大地提高了打标的效率,如图 1-39 所示。

打标机运动系统和激光器出光点阵的完美配合才能实现一维在线打标。

图 1-40 表示了 5×7 的点阵字符“N”和“C”标记的实现过程。

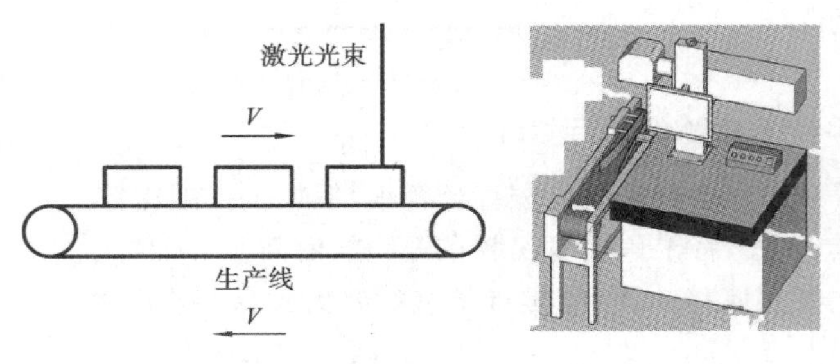

图 1-39 一维在线打标示意图

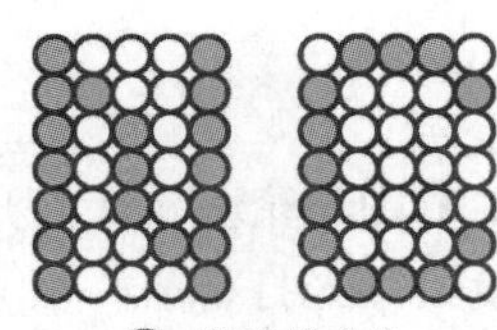

图 1-40 一维在线字符打标实现的过程示意图

当振镜扫描到黑色位置时,激光器打标出光,物体被激光标记一个点,当振镜扫描到白色位置时,激光器闭光,物体不会被标记。7 个字符完成后运动系统移动一个位置,循环往复,直到打标完成。

2) 二维大幅平面打标

二维大幅平面打标又称为拼接打标,在打标过程中,如果待加工图形尺寸大于场镜的加工范围时,可以让工作台在打标软件的控制下实现 X-Y 二维范围内的运动,极大地扩展了打标范围,图 1-41 所示的是 X-Y 二维大幅平面打标系统。

3) 三维曲面打标

在非平面打标时需要用到三维曲面打标技术,通常有以下两种实现方式。

(1) 规则圆柱体旋转打标:规则的圆柱体工件,可以配置旋转轴将工件装夹起来进行旋转打标,如图 1-42 所示。

(2) 不规则曲面打标:目前,实现不规则曲面打标的理想方案主要是在激光光路输出端的激光扩束镜后安装一个动态聚焦镜,实现在圆柱体、球面、斜面和多层零件上打标,如图 1-43所示。

4. 激光打标机控制系统

1) 振镜式激光打标机的主要控制对象

振镜式激光打标机控制系统的主要控制对象有两个器件:一个是激光器;另一个是振镜系

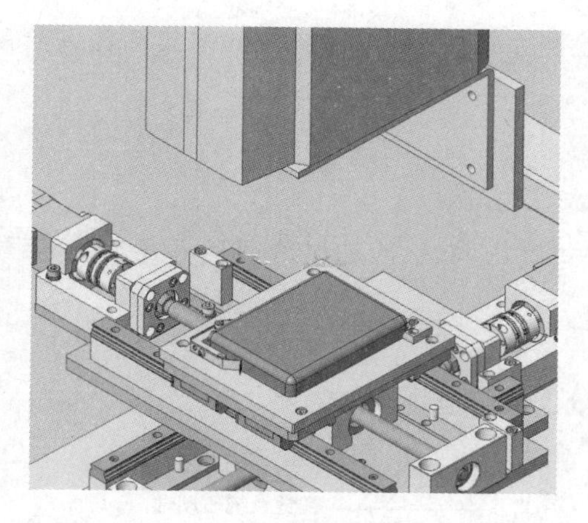

图 1-41 *X-Y* 二维大幅平面打标示意图

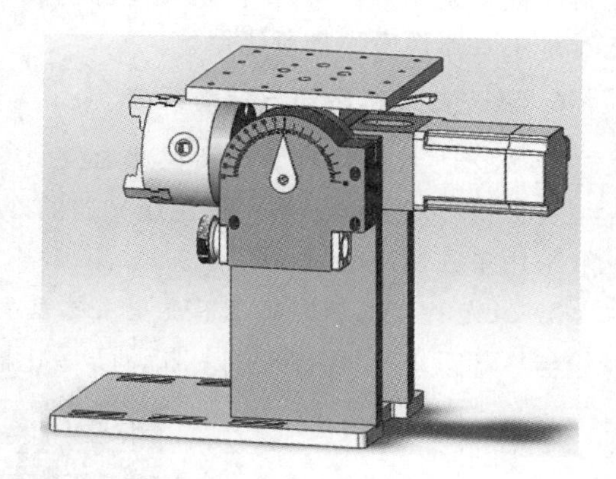

图 1-42 旋转打标示意图

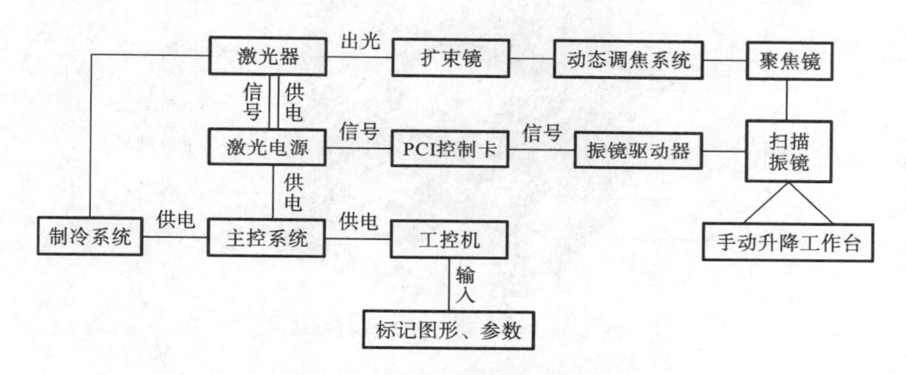

图 1-43 不规则曲面打标实现方案

统，如图 1-44 所示。其他控制对象根据打标机的种类不同可能还有激光电源、Q 电源、水箱及脚踏开关等器件。

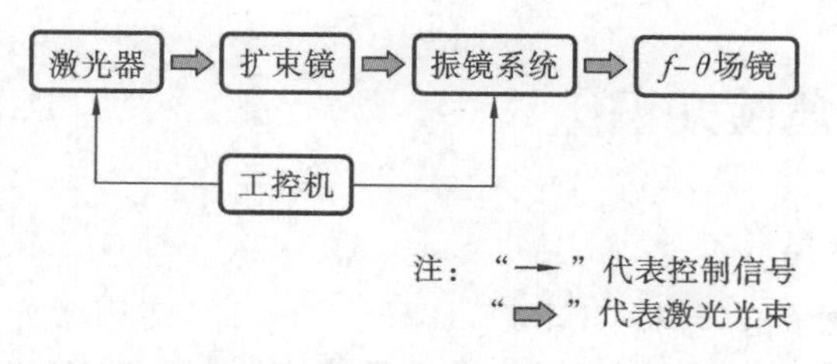

图 1-44 振镜式激光打标机控制系统主要对象

2）振镜式激光打标机控制系统

振镜式激光打标机控制系统由硬件系统和软件系统两个部分组成。

硬件系统包括工控机、打标控制卡、振镜、激光电源等器件，其中工控机通过打标控制卡发出控制指令，激光器、振镜和激光电源完成控制动作，其核心是工控机和打标控制卡。

软件系统包括工控机操作系统、各类应用软件和专业打标软件等。

5. 激光打标机传感与检测系统

目前，激光打标机传感与检测系统使用最广泛的是打标视觉定位系统，如图 1-45 所示的全自动视觉激光打标机，摄像机及光源构成视觉检测系统，完成工件图像的采集工作并给激光器等主要器件发出控制指令。

6. 激光打标机冷却与辅助系统

1）激光打标机冷却系统类型及选型

打标机冷却方式根据所选用激光器的冷却方式确认，有水冷和风冷两种方式，水冷系统一般采用单独制冷装置。

2）激光打标机烟雾净化器类型及选型

与冷却系统一样，激光打标机烟雾净化器一般也采用独立净化装置。

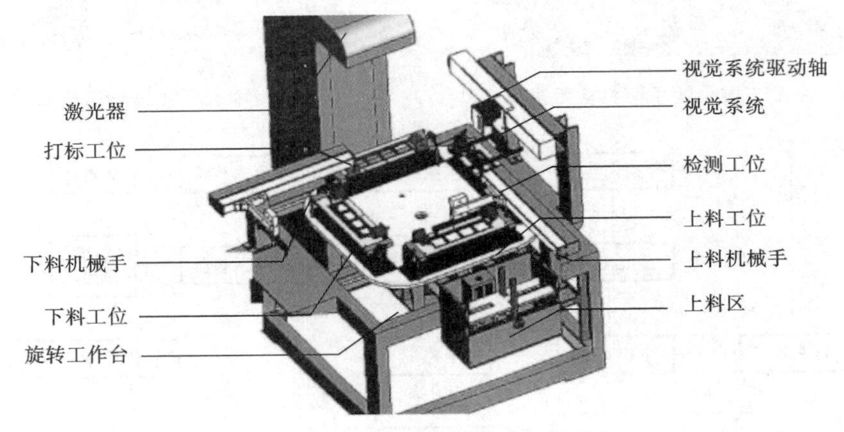

图 1-45　全自动视觉激光打标机

1.4　激光安全防护知识

1.4.1　激光加工危险知识

1. 激光加工危险分类

根据《激光加工机械安全要求》(GB/T 18490—2001)，使用激光加工设备时可能导致两大类危险：第一类是设备固有的危险；第二类是外部影响(干扰)造成的危险。危险是引起人身伤害或设备损坏的原因。

1）设备固有危险

激光加工设备固有危险一共有 8 个大类。

(1) 机械危险：机械危险包括激光加工设备运动部件、机械手或机器人运动过程中产生的危险，主要包含以下几个方面。

① 设备及其运动部件的尖棱、尖角、锐边等的刺伤和割伤危险。

② 设备及其运动部件倾覆、滑落、冲撞、坠落或抛射危险。

例如，激光加工设备上的机械手可能会把防护罩打穿一个孔，可能损坏激光器或激光传输系统，还可能会使激光光束指向操作人员、周围围墙和观察窗孔。

(2) 电气危险：激光加工设备总体而言属于高电压、大电流的设备，电气危险首先可能是高电压、大电流对操作人员的伤害和对设备造成的损坏，其次是在极高电压下无屏蔽元件产生的臭氧或 X 射线，它们都会直接造成触电等人身伤亡事故。

(3) 噪声危险：使用激光加工设备时常见的噪声源有吸烟雾用的除尘设备运转喧叫声、抽真空泵的马达噪声、冷却水用的水泵马达噪声、散热用的风扇转动噪声等。

在无适当防护的情况下，当噪声总强度超过 90 dB 时可引起头痛、耳鸣、心律不齐和血压升高等后果，甚至可致噪声性耳聋。

激光加工设备整机噪声声压级不应超过 75 dB(A)。声压级测量方法应符合 GB/T 16769—2008 的规定。

(4) 热危险：在使用激光加工设备时可能导致火灾、爆炸、灼伤等热危险，热危险可分为人员烫伤危险和场地火灾危险两大类。

激光加工设备爆炸源主要有泵浦灯、大功率玻璃管激光器、电解电容等。

由热危险导致烧穿激光加工设备的冷却系统和工作气体管路以及传感器的导线，可能造成元器件损毁或机械危险产生。

激光光束意外地照射到易燃物质上也可能导致火灾。

(5) 振动危险。

(6) 辐射危险的分类和后果。

① 辐射危险种类：辐射危险与热危险密不可分，它可以分为三类。

- 直射或反射的激光光束及离子辐射导致的危险。
- 泵浦灯、放电管或射频源发出的伴随辐射(紫外、微波等)导致的危险。
- 激光光束作用使工件发出二次辐射(其波长可能不同于原激光光束的波长)导致的危险。

② 辐射危险后果：辐射危险会引起聚合物降解和有毒烟雾气体，尤其是臭氧的产生，会造成可燃性物料的火灾或爆炸，会对人形成强烈的紫外光、可见光辐射等。

(7) 设备与加工材料导致的危险的分类及副产物。

① 危险种类：设备与加工材料导致的危险也有三类。

- 激光设备使用的制品(如激光气体、激光染料、激活气体、溶媒)导致的危险。
- 激光光束与物料相互作用(如烟、颗粒、蒸气、碎块)导致的火灾或爆炸危险。
- 促进激光光束与物料作用的气体及其产生的烟雾导致的危险，包括中毒和氧缺乏危险。

② 各类激光加工时常见的副产物与危险。

- 陶瓷加工：铝(Al)、镁(Mg)、钙(Ca)、硅(Si)、铍(Be)的氧化物，其中氧化铍(BeO)有剧毒。
- 硅片加工：浮在空气中的硅(Si)及氧化硅的碎屑可能引起硅肺病。
- 金属加工：锰(Mn)、铬(Cr)、镍(Ni)、钴(Co)、铝(Al)、锌(Zn)、铜(Cu)、铍(Be)、铅(Pb)、锑(Sb)等金属及其化合物对人体是有影响的。

其中 Cr、Mn、Co、Ni 对人体致癌，Zn、Cu 金属烟雾引起发烧和过敏反应，金属 Be 引起肺纤维化。

在大气中切割合金或金属时会产生较多重金属烟雾。

金属焊接与金属切割相比，产生的重金属烟雾量较低。

金属表面改性一般不会发生,但有时也会产生重金属烟雾。

低温焊接与钎焊可能会产生少量的重金属蒸气、焊剂蒸气及其副产物。

● 塑料加工:切割加工、温度较低时产生脂肪族烃,而温度较高时则会使芳香族烃(如苯、PAH)和多卤多环类烃(如二氧芑、呋喃)增加。其中聚氨酯材料会产生异氰酸氨盐,PMMA会产生丙烯酸盐,PVC材料会产生氧化氢。

氰化物、CO、苯的衍生物是有毒气体,异氰酸盐、丙烯酸盐是过敏源和刺激物,甲苯、丙烯醛、胺类刺激呼吸道,苯及某些PAH物质会致癌。

在切割纸和木材时会产生纤维素、酯类、酸类、乙醇、苯等副产物。

(8) 设备设计时忽略人类工效学原则而导致的危险如下:

① 误操作危险;

② 控制状态设置不当 ;

③ 不适当的工作面照明。

2) 设备外部影响(干扰)造成的危险

设备外部影响(干扰)造成的危险是指激光加工设备外部环境变化后所造成的设备状态参数变化而导致的危险状态,也可以分为以下8类。

(1) 温度变化;

(2) 湿度变化;

(3) 外来冲击和振动;

(4) 周围的蒸气、灰尘或其他气体干扰;

(5) 周围的电磁干扰及射电频率干扰;

(6) 断电和电压起伏;

(7) 由于安全措施错误或不正确定位产生的危险;

(8) 由于电源故障、机械零件损坏等产生的危险。

上述两大类共计16小类危险程度在不同材料和不同加工方式中的影响程度是不同的,表1-2列出了用CO_2激光器切割有机玻璃时可能产生危险程度分类。用户可以根据上述方法分析激光焊接、激光打标时可能遇到的主要危险,在激光设备和制定加工工艺时应该采取措施来防范以上这些危险。

表1-2 CO_2激光器切割有机玻璃时可能产生危险程度

危险	程度	危险	程度	危险	程度
机械危险	程度一般	辐射危险	程度严重	湿度造成的危险	程度一般
电气危险	程度一般	材料导致的危险	程度严重	外来冲击/振动产生的危险	程度一般
噪声危险	基本没有	设计时危险	程度一般	周围的蒸气、灰尘或其他气体造成的危险	程度一般
热危险	程度严重	温度造成的危险	程度一般	电磁干扰/射电频率干扰造成的危险	程度一般
断电/电压起伏	基本没有	安全措施错误危险	程度一般	失效、零件损坏等产生的危险	程度一般

2. 激光辐射危险分级

激光辐射危险是激光加工时的特有和主要危险，必须重点关注。

评价激光辐射的危险程度是以激光光束对眼睛的最大可能的影响(maximal possible effect，MPE)做标准，即根据激光的输出能量和对眼睛损伤的程度把激光分为四类，再根据不同等级分类制定相应的安全防护措施。

国际 GB/T 18490—2001 规定了激光加工设备辐射的危险程度，与国际电工委员会(IEC)的标准(IEC60825)、美国国家标准(ANSIZ136)或其他相关的激光安全标准相同。

根据国际电工技术委员会 IEC60825.1:2001 制订的标准，激光产品可分为下列几类，如表 1-3 所示。

表 1-3 激光辐射危险分级

激光辐射危险分级		输出激光功率	波长范围
1 类	普通 1 级激光产品	小于 0.4 mW	400～700 nm
	1M 级激光产品		
2 类	普通 2 级激光产品	0.4～1 mW	400～700 nm
	2M 级激光产品		
3 类	3A 级激光产品	1～5 mW	302.5～1064 nm
	3B 级激光产品	5～500 mW	
4 类	4 类激光产品	500 mW 以上	302.5 nm 至红外光

(1) 1 类激光产品：1 类激光产品的激光功率输出小于 0.4 mW，又可以分为普通 1 级和 1M 级激光产品两类。

普通 1 级激光产品不论何种条件下对眼睛和皮肤的影响都不会超过 MPE 值，即使在光学系统聚焦后也可以利用视光仪器直视激光光束，在保证设计上的安全后不必特别管理，又可称无害免控激光产品。

1M 级激光产品在合理可预见的情况下操作是安全的，但若利用视光仪器直视光束，便可能会造成危害。典型的 1 类激光产品有激光教鞭、CD 播放设备、CD-ROM 设备、地质勘探设备和实验室分析仪器等，如图 1-46 所示。

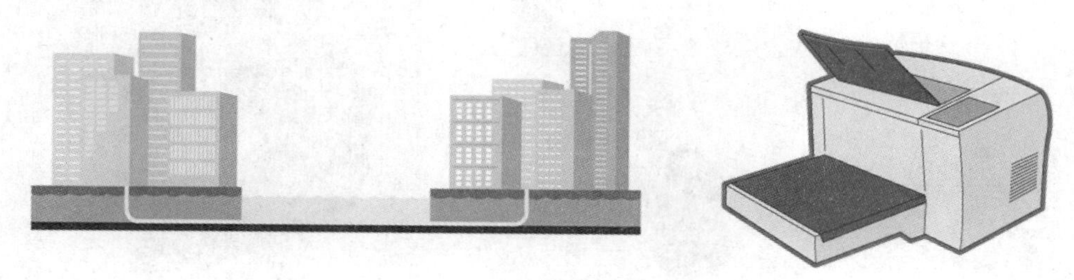

图 1-46 1 类激光产品举例

(2) 2 类激光产品：2 类激光产品激光的波长范围为 400～700 nm，能发射可见光，设备激光功率输出在 0.4～1 mW 之间，又可称为低功率激光产品。2 类激光产品也可以分为普通2级和2M级激光产品两类。人闭合眼睛的反应时间约为0.25 s,普通2级激光产品可通过眼睛对光的回避反应(眨眼)提供足够保护,如图1-47所示。

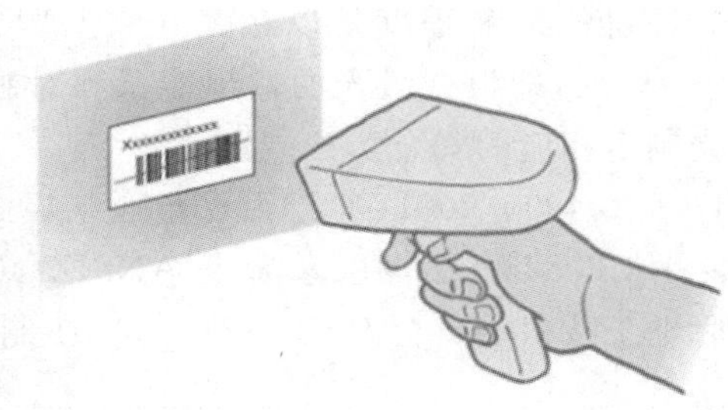

图1-47 普通2级激光产品举例

2M级激光产品的可视激光会导致晕眩,用眼睛偶尔看一下不至造成眼损伤,但不要直接在光束内观察激光,也不要用激光直接照射眼睛,避免用远望设备观察激光。

典型应用如课堂演示、激光教鞭、瞄准设备和测距仪等,如图1-48所示。

(3) 3类激光产品:3类激光产品激光的波长范围为302.5～1064 nm,为可见或不可见的连续激光,输出的激光功率为1～500 mW之间,又可称中功率激光产品。3类激光产品分为3A级和3B级产品。

3A级产品为可见光的连续激光,输出为1～5 mW的激光光束,光束的能量密度不超过25 W/mm^2,要避免用远望设备观察3A级激光。

3A级激光产品的典型应用和2级激光产品有很多相同之处,这类产品的发射极限不得超过波长范围为400～700 nm的2级产品的5倍,在其他波长范围内亦不许超过1类产品的5倍。

3B级激光产品输出为5～500 mW的连续激光,直视激光光束会造成眼损伤,但将激光改变成非聚焦、漫反射时一般无危险,对皮肤无热损伤,3B级激光的典型应用有半导体激光治疗仪、光谱测定和娱乐灯光表演等,如图1-49所示。

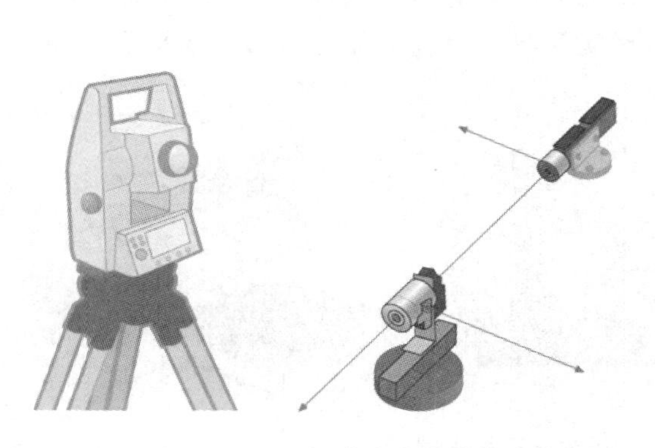

图1-48 2M级激光产品举例

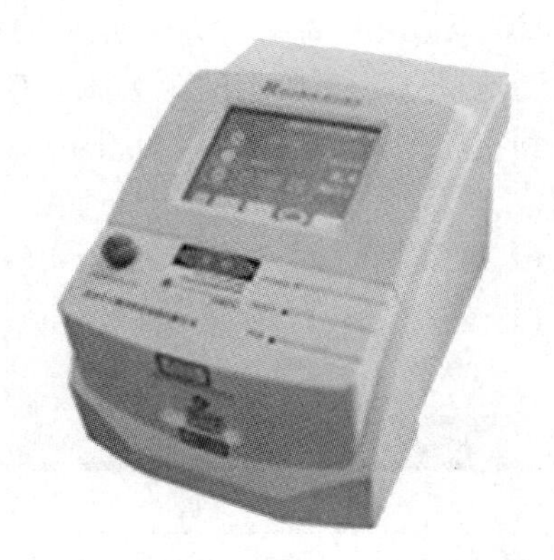

图1-49 3类激光产品举例

(4) 4类激光产品:4类激光产品波长范围为302.5 nm至红外光,为可见或不可见的连续激光,输出的激光功率大于500 mW,又可称大功率激光产品。4类激光产品不但其直射光束及镜式反射光束对眼和皮肤损伤相当严重，其漫反射光也可能给人眼造成损伤，并可灼伤皮肤及酿成火警，扩散反射也有危险。

大多数激光加工设备，如激光热处理机、激光切割机、激光雕刻机、激光打标机、激光焊接机、激光打孔机和激光划线机等均为典型的4类激光产品。激光外科手术设备和显微激光加工设备等也属于4类激光产品，如图1-50所示。

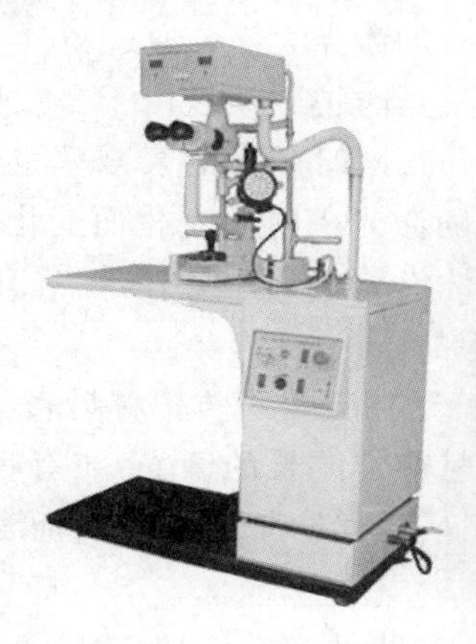

图1-50 4类激光产品举例

1.4.2 激光加工危险防护

1. 激光辐射伤害防护

1）激光辐射伤害防护主要措施

（1）操作人员应具备辐射防护知识，配戴与激光波长相适应的防护眼镜，如图1-51所示。

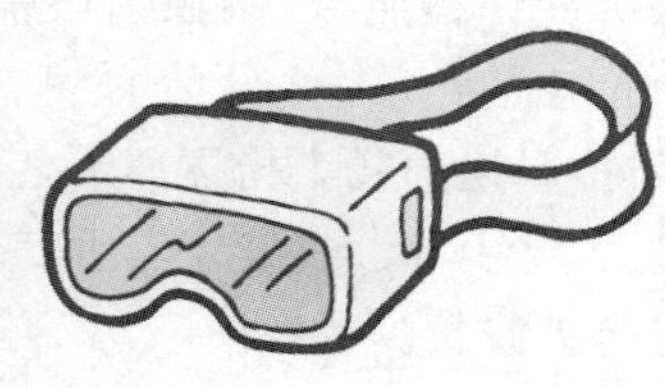

图1-51 激光防护眼镜

（2）激光加工设备应具备完善的激光辐射防护装置。

（3）激光加工场地应具备完善的激光防护装置和措施。

2）激光防护眼镜类型与选用

激光防护眼镜可全方位防护特定波段的激光和强光，防止激光对眼睛的伤害。其光学安全性能应该完全满足《激光防护镜生理卫生标准》(GJB 1762—93)及《ROHS标准》。

（1）激光防护眼镜有以下几种类型。

① 吸收型激光防护眼镜：吸收型防护眼镜在基底材料PMMA或P.C中添加特种波长的吸收剂，能吸收一种或几种特定波长的激光，又允许其他波长的光通过，从而实现激光辐

射防护。

吸收型防护眼镜只能防护可见光和近红外光谱中极小的一部分，其优点是抗激光冲击能力优良，对激光衰减率较高，表面不怕磨损，即使有擦划，也不影响激光的安全防护；缺点是由于吸收激光能量容易导致本身破坏，同时它的可见光透过率不高，影响观察。

② 反射型激光防护眼镜：反射型激光防护眼镜是在基底上镀多层介质膜，有选择的反射特定波长的激光，而让在可见光区内的其他邻近波长的激光大部分通过。

市面上能够买到的防护眼镜大部分是反射型激光防护眼镜。由于是反射激光，它比吸收型防护眼镜能够承受更强的激光，可见光透过率高，同时激光的衰减率也较高，光反应时间小于 10^{-9} s；缺点是多层涂膜对激光反射的效果随激光入射角变化而变化，如果对激光防护要求很高，需要的涂层就会较厚，这对玻璃透光性影响很大。另外，镀的介质层越厚越容易脱落，且脱落之后不易肉眼观察到，这是非常危险的。

③ 复合型激光防护眼镜：复合型激光防护眼镜是在吸收式防护材料表面上再镀上反射膜，既能吸收某一波长的激光，又能利用反射膜反射特定波长的激光，兼有吸收式和反射式两种激光防护眼镜的优点，但可见光透过率相对于反射式防护镜的材料而言有很大程度的下降。

④ 新型激光防护材料：新型激光防护材料基于非线性光学原理，主要利用非线性吸收、非线性折射、非线性散射和非线性反射等非线性光学效应来制造激光防护镜。

例如，碳—碳高分子聚合物（C_{60}）制成的激光防护眼镜，可使透光率随入射光强的增加而降低。又如，全息激光防护面罩是采用全息摄影方法在基片上制作光栅，对特定波长的激光产生极强的一级衍射，是一种新型防护装备。

（2）激光防护眼镜选用的原则及指标。

① 激光防护眼镜的选择原则：选择防护镜时，首先根据所用激光器的最大输出功率（或能量）、光束直径、脉冲时间等参数确定激光输出最大辐照度或最大辐照量。而后，按相应波长和照射时间的最大允许辐照量（眼照射限值）确定眼镜所需最小光密度值，并据此选取合适防护眼镜。

② 选择激光防护眼镜的几个指标如下。

- 最大辐照量 H_{max}（J/m^2）或最大辐照度 E_{max}（W/m^2）。
- 特定的激光防护波长。
- 在相应防护波长的所需最小光密度值 OD_{min}。

光密度（optical density，OD）是一个没有量纲单位的对数值，表示某种材料入射光与透射光比值的对数，或者说是光线透过率倒数的对数。计算公式为 OD=lg（入射光/透射光）或 OD=lg（1/透光率），它有 0，1，2，3，4，5，6，7 个等级，对应的光线透过率（或衰减系数）如表 1-4 所示。OD 数值越大，激光防护眼镜的防护能力越强。

- 镜片的非均匀性、非对称性、入射光角度效应等。
- 抗激光辐射能力。
- 可见光透过率 VLT（visible light transmittance）：激光防护眼镜的 VLT 数值低于 20%，所以激光防护眼镜需要在良好照明的环境中使用，保证操作人员在佩戴激光防护眼镜后视觉良好。

表 1-4 光密度、光透过率和衰减系数之间的关系

光密度	光透过率/(%)	衰减系数
0	100	1
1	10	10
2	1	100
3	0.1	1000
4	0.01	10000
5	0.001	100000
6	0.0001	1000000
7	0.00001	10000000

- 结构外形和价格。包括是否佩戴近视眼镜、人员的面部轮廓。

③ 激光防护眼镜实例如图 1-52 所示。

【产品名称】：激光防护眼镜
【产品型号】：SK-G16
【防护波长】：1064 nm
【光密度OD】：6+
【可见光透过率】：85%
【防护特点】：反射式全方位防护
【适合激光器】：四倍频Nd:YAG激光器
准分子激光器，He-Cd激光器、YAG激光器、
半导体激光器

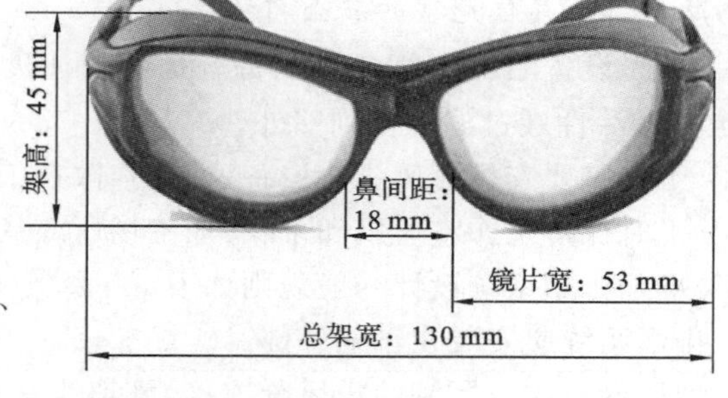

图 1-52 激光防护镜实例

3）激光加工设备上的激光辐射防护装置

(1) 设备启动/停开关：激光加工设备启动/停开关应该能使设备停止（致动装置断电），同时，或者隔离激光光束，或者不再产生激光光束。

(2) 急停开关：急停开关应该能同时使激光光束不再产生并自动把激光光闸放在适当的位置，使加工设备断电，切断激光电源并释放储存的所有能量。

如果几台加工设备共用一台激光器且各加工设备的工作彼此独立无关，则安装在任意一台设备上的紧急终止开关都可以执行上述要求，或者使有关的加工设备停设备（致动装置断电），同时切断通向该加工设备的激光光束。

(3) 隔离激光光束的措施：通过截断激光光束和/或使激光光束偏离实现激光光束的隔离。实现光束隔离的主要器件有激光光束挡块（光闸）。

(4) 激光加工场地的激光防护装置和措施。

① 防护要求：在操作激光设备时，排除人员受到 1 类以上激光辐射照射。在设备维护维修时，排除人员受到 3A 级以上激光辐射照射。

② 防护措施：当激光辐射超过 1 类时，应该用防护装置阻止无关人员进入加工区。

用户操作说明中应该说明要采用的防护类型是局部保护还是外围保护。

局部保护是使激光辐射以及有关的光辐射减小到安全量值的一种防护方法，例如，固定在工件上光束焦点附近的套管或小块挡板。

外围保护是通过远距离挡板（如保护性围栏）把工件、工件支架以及加工设备，尤其是运动系统封闭起来，使激光辐射以及有关的光辐射减小到安全量值的防护方法。

2. 非激光辐射伤害防护

激光加工时的非激光伤害主要有：触电危害、有毒气体危害、噪声危害、爆炸危害、火灾危害、机械危害等。

1）触电危害防护措施

(1) 培训工作人员掌握安全用电知识。

(2) 严格要求激光设备的表壳接地良好，并定期检查整个接地系统是否真正接地。

(3) 不准使用超容量保险丝和超容量保护电路断开器。

(4) 检修仪器时注意首先用泄漏电阻给电容器放电。

(5) 经常保持环境干燥。

2）防备有毒气体危害的安全措施

(1) 激光设备的出光处必须配备有足够初速度的吸气装置，能将加工有害烟雾及时吸掉、抽走并经活性炭过滤后排到室外。

(2) 工作室要安排通风排气设备，抽走弥散在工作室内的残余有毒气体。

(3) 平时保持工作室通风和干燥，加工场所应具备通风换气条件。

(4) 场地排烟系统设计一般规则如下。

① 排烟系统应安装在车间外部。

② 抽风设备应以严密的排风管连接，风管的安装路径愈平顺愈好。

③ 为避免振动，尽量不要使用硬质排风管连至激光加工设备。

3）防备噪声危害的安全措施

(1) 采购低噪声的吸气设备。

(2) 用隔音材料封闭噪声源。

(3) 工作室四壁配置吸声材料。

(4) 噪声源远离工作室。

(5) 使用隔音耳塞。

4）防备爆炸危害的安全措施

(1) 将电弧灯、激光靶、激光管和光具组元件封包起来，且具有足够的机械强度。

(2) 正在连续使用中的玻璃激光管的冷却水不能时通时断。

(3) 经常检查电解电容器，如有变形或漏油，则应及时更换。

5）防备火灾危害的安全措施

(1) 安装激光设备（尤其是大电流离子激光设备）时，应考虑外电路负载和闸刀负载是否有足够容量。

(2) 电路中应接入过载自动断开保护装置。

(3) 易燃、易爆物品不应置于激光设备附近。

(4) 在室内适当地方备有沙箱、灭火器等救火设施。

6) 防备机械危害的安全措施

(1) 设备部位不得有尖棱、尖角、锐边等缺陷,以免引起刺伤和割伤危险。

(2) 在预定工作条件下,设备及其部件不应出现意外倾覆。

(3) 激光系统、光束传输部件应有防护措施,并牢固定位,防止造成冲击和振动。

(4) 设备的往复运动部件应采取可靠的限位措施。

(5) 各运动轴应设置可靠的电气、机械双重限位装置,防止造成滑落的危险。

(6) 联锁的防护装置打开时,设备应停止工作或不能启动,并应确保在防护装置关闭前不能启动。例如,成形室的门打开时,设备不能加工,以防止运动部件高速运行时造成冲撞的危险。

(7) 在危险性较大的部位应考虑采用多重不同的安全防护装置,并有可靠的失效保护机制。如高温保护措施,光束终止衰减器、挡板、自动停机机构等光机电多重保护装置。

2

激光打标产品质量判断及测量方法

2.1　激光光束主要参数与测量方法

2.1.1　激光光束参数基本知识

激光光束参数测量是激光加工生产中的基础工作，对产品质量有重要影响。

1. 激光光束参数

激光光束参数可以分为时域特性参数、空域特性参数和频域特性参数三大类。

1）激光光束时域特性参数

激光光束时域特性参数包括峰值功率、重复功率、瞬时功率、功率稳定性等。对激光加工设备而言，激光的峰值功率是最为重要的时域特性参数，常常要自己测量。

2）激光光束空域特性参数

激光光束空域特性参数包括激光光斑直径、焦距、发散角、椭圆度、光斑模式、近场和远场分布等。对激光加工设备而言，光斑直径、焦距和光斑模式是最为重要的空域特性参数，常常要自己测量。

3）激光光束频域特性参数

激光光束频域特性参数包括波长、谱线宽度和轮廓、频率稳定性和相干性等。对激光加工设备而言，频域特性参数由生产激光器的设备厂家提供，一般自己不做测量。

2. 激光光束空域特性参数概述

1）高斯光束

理论和实际检测都证明，稳定腔激光器形成的激光光束是振幅和相位都在变化的高斯光束，激光加工中大多数情况下希望得到稳定的基模（TEM_{00}）高斯光束，如图 2-1 所示。

2）基模高斯光束传播规律

基模高斯光束光斑半径 r 会随传播距离 z 的变化按照双曲线规律变化，可以用发散角 θ 来描述高斯光束的光斑直径沿传播 z 方向的变化趋势，如图 2-2 所示。

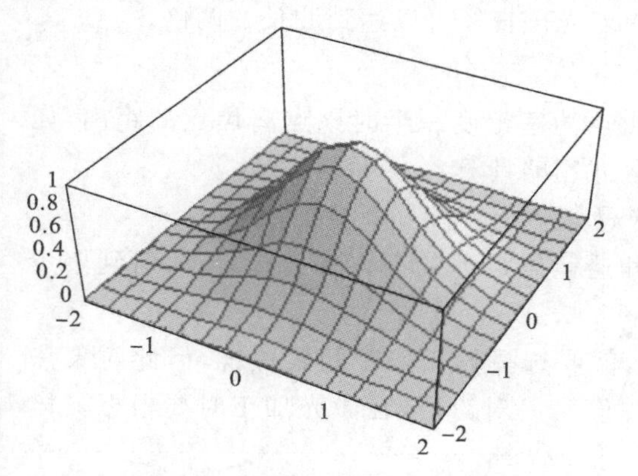

图 2-1 基模（TEM_{00}）高斯光束振幅示意图

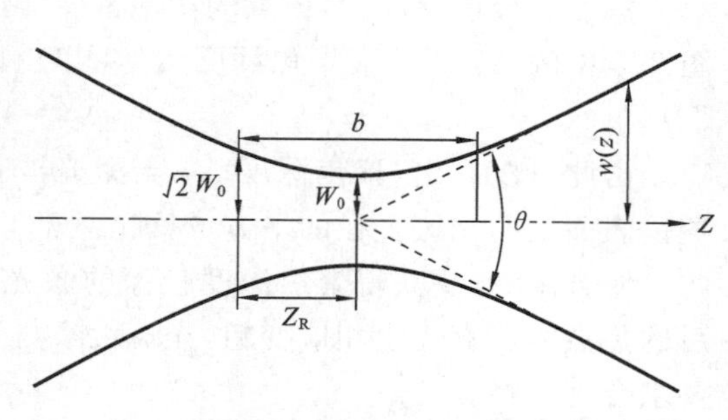

图 2-2 高斯光束传播示意图

当 $z=0$ 时，发散角 $\theta=0$，光斑半径最小，此时称为高斯光束的"束腰"半径，"束腰"半径小于基模光斑半径。

当 z 为光束准直距离 Z_R 时，发散角 θ 数值最大。

当 z 为无穷远时，发散角 θ 将趋于一个定值，称为远场发散角。

可以在许多激光器的使用手册上查到某类激光器的基模光斑半径、准直距离、远场发散角 θ 等数据。

3）基模高斯光束聚焦强度

理论上可以证明，若激光光路中聚焦镜的直径 D 为高斯光束在该处的光斑半径 $w(z)$ 的 3 倍，激光光束 99% 的能量都将通过此聚焦镜聚焦在激光焦点上，获得很高的功率密度，所以激光加工设备的聚焦镜直径不大，焦点处的激光光束功率密度却很高。

脉冲激光光束功率密度可达 $10^8 \sim 10^{13}\ \mathrm{W \cdot cm^{-2}}$，连续激光光束功率密度也可达 $10^5 \sim 10^{13}\ \mathrm{W \cdot cm^{-2}}$，满足了材料加工对激光功率的要求。

4）基模高斯光束焦点与焦深

激光光束经过透镜聚焦后，其光斑最小位置称为激光焦点，如图 2-3 中的 d 所示。焦点光斑直径 d 的数值可以由以下公式粗略计算：

$$d=2f\lambda/D$$

式中：f 为聚焦透镜的焦距；D 为入射光束的直径；λ 为入射光束的波长。

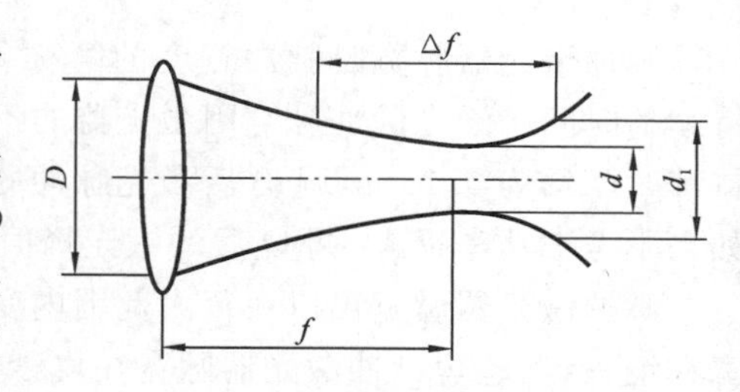

图 2-3 激光焦点图示

由此可以看出，焦点的光斑直径 d 与聚焦透镜焦距 f 和激光波长 λ 成正比，与入射光束的直径 D 成反比，减小焦距 f 有利于缩小光斑直径 d。但是 f 减小，聚焦透镜与工件的间距也缩小，加工时的废气废渣会飞溅、黏附在聚焦镜表面，影响加工效果及聚焦透镜的寿命，这也是大部分激光加工设备要使用扩束镜的原因。

如果导光聚焦系统能设计为 $f/D\approx1$，则焦点光斑直径可达到

$$d=2\lambda$$

这说明基模高斯光束经过理想光学系统聚焦后，焦点光斑直径可以达到波长的两倍。

5）基模高斯光束聚焦深度

焦点的聚焦深度，是该点的功率密度降低为焦点功率密度一半时该点离焦点的距离，如图 2-3 中的 Δf 所示。聚焦深度 Δf 可以由以下公式粗略计算：

$$\Delta f=4\lambda f^2/(\pi D^2)$$

由此可以看出，聚焦深度 Δf 与激光波长 λ 和透镜焦距 f 的平方成正比，与入射到聚焦透镜表面上的光斑直径的平方成反比。

综合来看，要获得聚焦深度较深的激光焦点，就要选择较长焦距的聚焦镜，但此时聚焦后的焦点光斑直径也相应变粗，光斑大小与聚焦深度是一对矛盾，在激光加工时要根据具体要求合理选择。

3. 激光光束时域特性参数概述

1）脉冲激光波形和脉宽

图 2-4 所示的是重复频率为 1 Hz 时测量到的某一类灯泵浦脉冲激光器在调 Q 前和调 Q 后的激光波形。

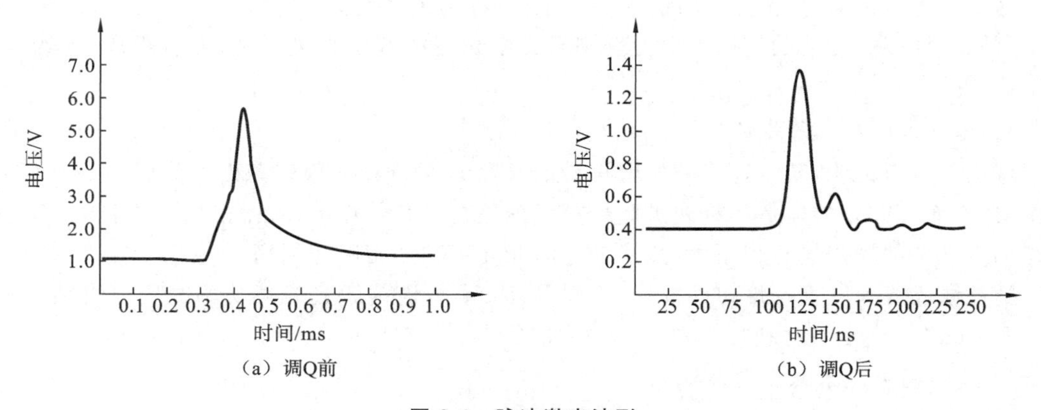

（a）调Q前　　（b）调Q后

图 2-4　脉冲激光波形

重复频率是脉冲激光器单位时间内发射的脉冲数，如重复频率 10 Hz 就是指每秒钟发射 10 个激光脉冲。

脉冲激光器脉宽是脉冲宽度的简称，可以简单理解为每发射一个激光脉冲时激光脉冲持续的时间。激光脉冲脉宽因激光器的不同而不同，从图 2-4 可以看出，调 Q 前激光脉冲的持续时间约为 0.1 ms，调 Q 后激光脉冲的持续时间约为 20 ns，只相当于原来时间的1/5000，如果不考虑功率损失，调 Q 后的激光峰值功率提高了近 5000 倍。

脉冲激光器脉宽可以在很大范围内变化，长脉冲激光器脉宽在毫秒级，短脉冲激光器脉宽在纳秒级，超短脉冲激光器脉宽在皮秒和飞秒级。

各类脉冲激光器在工业部门都有不同的应用，如图 2-5 所示。

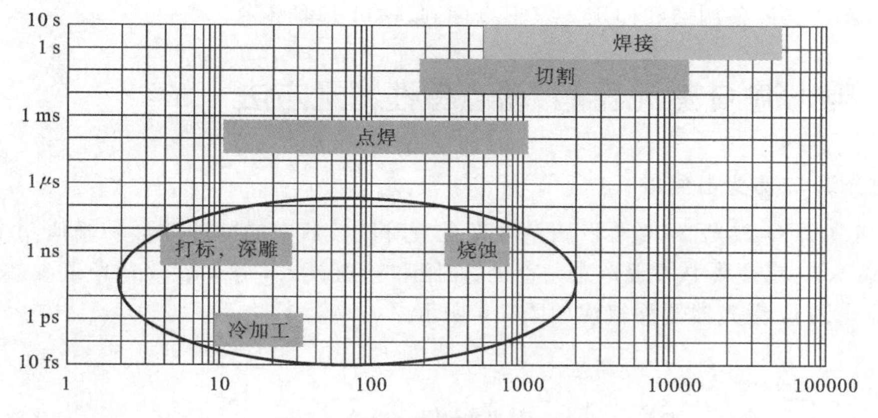

图 2-5 脉冲激光器的不同应用

2）激光功率与能量

激光功率与能量是表明激光有无和强弱的两个相互关联的名词。

脉冲激光器以重复频率发射激光，激光强弱以每个激光脉冲做功的能量大小来度量比较直观和方便，单位是焦耳(J)，即每个脉冲做功多少焦耳。

连续激光器连续发光，激光强弱以每秒钟做功多少焦耳来度量比较直观和方便，单位是瓦(W)，即单位时间内做功多少。

瓦和焦耳的关系是 1 W=1 J/s，所以激光功率与能量是可以相互换算的。

例如，一台脉冲激光器的单次脉冲能量是 1 J/次，重复频率是 50 Hz(即每秒钟发射激光 50 次)，每秒钟做功的平均功率为 50×1 J=50 J，平均功率就换算为 50 W。

对脉冲激光器而言，计算每个激光脉冲的峰值功率更有实际意义，它是每次脉冲能量与激光脉宽之比。

例如，一台脉冲激光器的脉冲能量是 0.14 mJ/次，重复频率是 100 kHz(即每秒钟发射激光 10^5 次)，每秒钟做功的平均功率为 0.14 mJ×10^5=14 J，平均功率为 14 W。若脉宽为 20 ns，峰值功率为 0.14 mJ/20 ns=7000 W，可以看出，脉冲激光器的峰值功率要比平均功率大得多。

在激光加工设备的制造和使用中，有时既要计算脉冲激光的峰值功率，也要计算脉冲激光的平均功率。

例如，某台脉冲激光器所使用的 ZnSe 镜片的激光损伤阈值是 500 MW/cm^2，脉冲激光器脉冲能量是 10 J/cm^2，脉宽 10 ns，重复频率为 50 kHz，平均功率密度为 10 J/cm^2×50 kHz=0.5 MW/cm^2，峰值功率密度为 10 J/cm^2/10 ns=1000 MW/cm^2，从激光器的平均功率看，该镜片是不会损伤的，但从峰值功率看是大于该镜片的激光损伤阈值的，所以该镜片不能用于此脉冲激光器。

4. 激光光束频域特性参数概述

激光光束频域特性参数包括波长、谱线宽度和轮廓、频率稳定性和相干性等，这已在激光知识中做了介绍，不再赘述。

激光光束频域特性参数测量一般在科研院所研制新型激光器之类的工作中才可能用

到，一般激光加工设备制造和使用厂家很少用到，这里不再赘述。

2.1.2 电光调Q激光器静/动态特性测量方法

1. 电光调Q激光器组成

利用电光调Q激光器，既可以测量激光光束时域参数中的脉冲波形和峰值功率，又可以测量激光光束空域参数中的激光光斑直径、焦距和光斑模式，是了解激光光束参数的极佳实训平台，电光调Q激光器器件组成如图2-6所示。

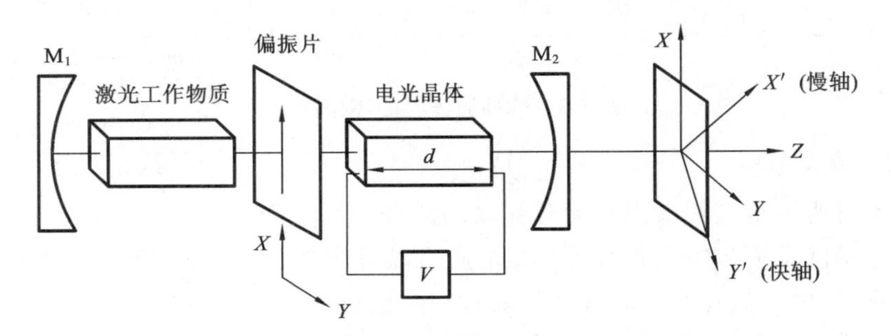

图2-6 电光调Q激光器结构示意图

2. 电光调Q激光器的静态特性

YAG晶体在氙灯泵浦下发光后，如果电光调制晶体（如KDP）上未加电压V，相当于普通的重复频率脉冲激光器。

此时若在半反镜M_2激光输出端装上光电二极管传感器与示波器，就可以测试该激光器调Q前的脉冲波形；再装上能量计测出单脉冲能量，还可以计算调Q前单脉冲峰值功率。上述参数称为电光调Q激光器的静态特性。

3. 电光调Q激光器的动态特性

如果在电光调制晶体（如KDP）上加上电压V，激光器会进入电光调Q状态。在氙灯点燃时事先在调制晶体上加电压，使谐振腔处于“关闭”的低Q值状态，阻断激光振荡形成。待激光上能级反转的粒子数积累到最大值时，快速撤去调制晶体上的电压，使激光器瞬间处于“打开”的高Q值状态，就可以产生雪崩式的激光振荡，输出一个巨脉冲。

此时若在半反镜M_2激光输出端装上雪崩二极管传感器与示波器，就可以测出该激光器调Q后的脉冲波形；再装上能量计测出单脉冲能量，就可以计算调Q后单脉冲峰值功率。上述参数称为电光调Q激光器的动态特性。

4. 电光调Q激光光束特性测试系统简介

电光调Q激光光束特性测试系统如图2-7所示，光电二极管与示波器一路可以测试激光器静态特性，雪崩管探测器与示波器一路可以测试激光器动态特性，M为半反半透镜。

5. 激光器静态特性测试过程

打开激光电源点亮氙灯，选择重复频率为1 Hz，在不加Q电源的情况下，调整光电二极

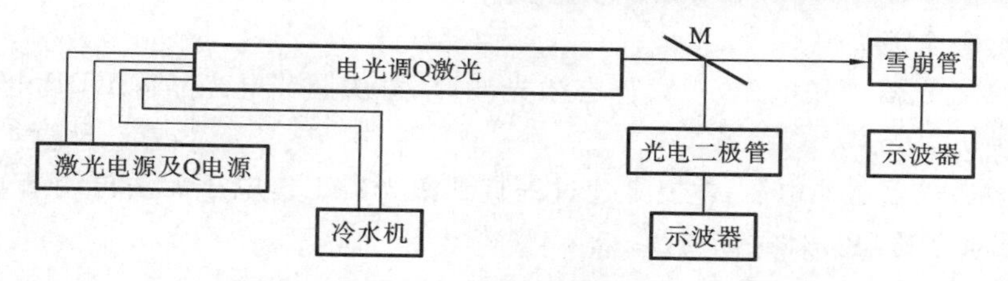

图 2-7 电光调 Q 激光光束特性测试系统示意图

管探测器的位置与示波器的状态，可在示波器上观察到氙灯发光波形，如图 2-8(a)所示，此时对应的工作电压约为 380 V。

加大工作电压，可以测试到激光器的出光阈值点，即激光器产生激光所需的最低电压值，如图 2-8(b)所示，此时对应的工作电压约为 400 V(不同激光器有所不同)。

继续加大工作电压，可观察到静态激光脉冲的弛豫振荡现象，如图 2-8(c)所示，此时对应的工作电压为 450 V。

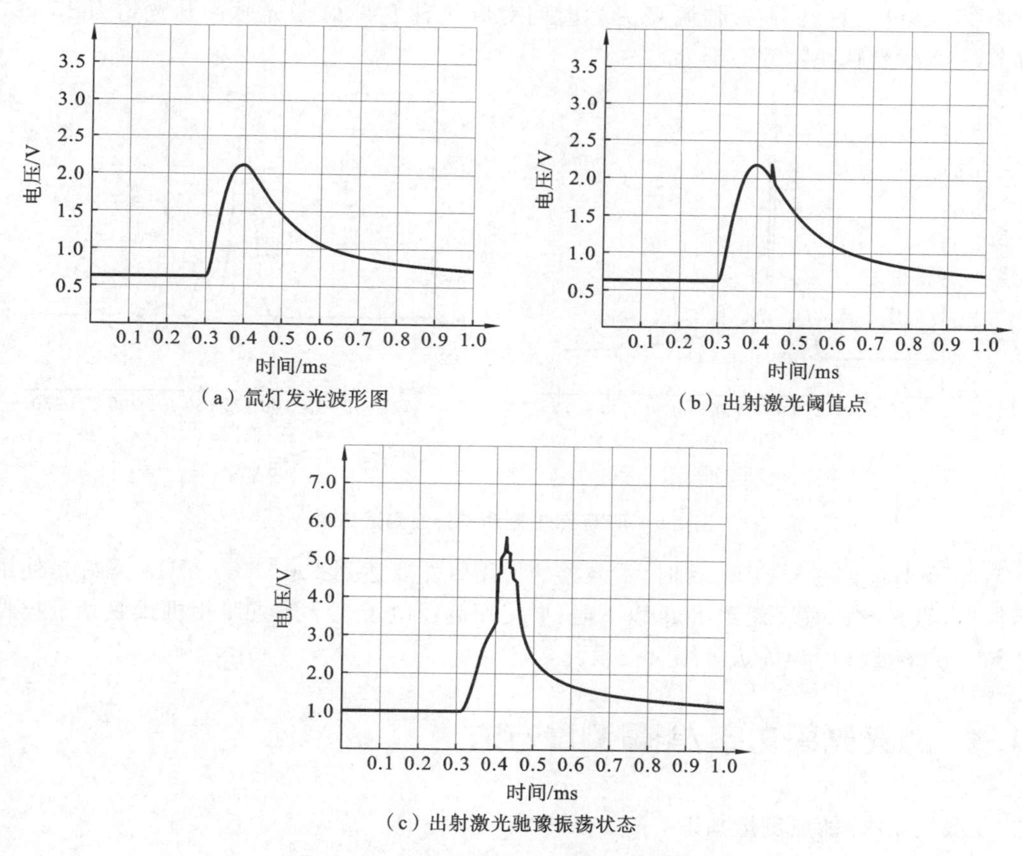

(a) 氙灯发光波形图

(b) 出射激光阈值点

(c) 出射激光驰豫振荡状态

图 2-8 激光器静态特性测试结果

6. 激光器动态特性测试过程

1) 调 Q 晶体关断电压调试

激光器静态特性调试结果处于正常状态时，在电光晶体 KDP 上加上电压并调节电压使静态激光波形完全消失。

微微调高激光器工作电压，观察静态激光波形，再次调节电光晶体 KDP 电压使静态激光波形完全消失。

再次调节激光器工作电压，重复上述过程直到激光器工作电压无法再调高，此时电光晶体 KDP 电压即为调 Q 晶体关断电压。

2）调 Q 延迟时间

在激光关断的情况下，给出退压信号，此时激光以调 Q 脉冲方式输出。

使用激光能量计，调节退压信号延迟旋钮找出激光输出最大位置，此时即为调 Q 最佳延迟时间，此时可以通过示波器获得调 Q 激光器动态特性测试的波形图。

3）激光器动态特性测试结果

用光电二极管与示波器测试到的激光调 Q 波形如图 2-9(a)所示，改用雪崩二极管与示波器测试到的激光调 Q 波形如图 2-9(b)所示。

从图 2-9 可以看出，在最佳调 Q 延迟时间对应状态下调 Q 激光脉冲脉宽约为 15 ns，大约为未调 Q 激光脉冲脉宽的千分之一。

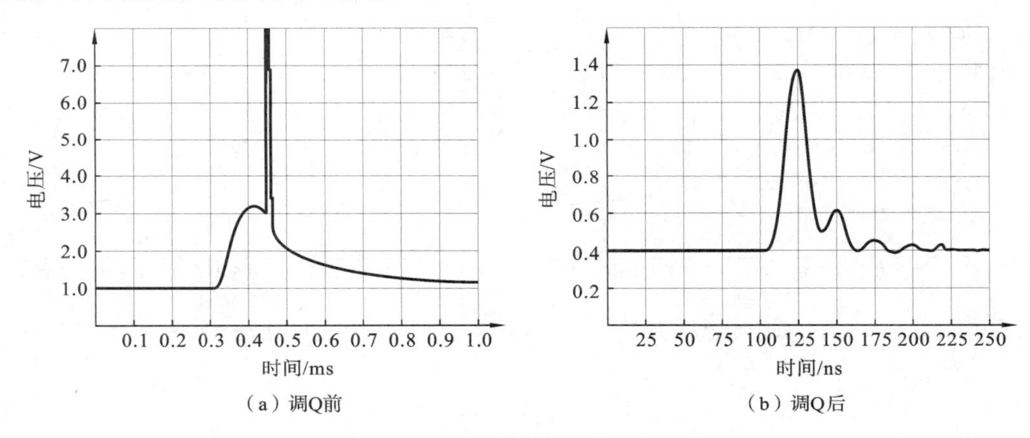

（a）调Q前 （b）调Q后

图 2-9 调 Q 激光器动态特性测试结果

激光脉冲宽度在 5～100 ns 时，示波器的使用带宽要达到 100～500 MHz，最好是使用记忆示波器，激光脉冲宽度短到 1 ns 以下时，要使用高速电子光学条纹照相机或双光子吸收荧光法和二次谐波强度相关法等测量技术。

2.1.3 激光光束功率/能量测量方法

1. 激光功率/能量测量知识

1）功率/能量测量方法

激光功率/能量的测量方法有两种：一种是信号获取采用光-热转换方式的直接测量法；另一种是信号获取采用光-电转换方式的间接测量法。

直接测量法中，激光功率探头/能量探头是一个涂有热电材料的吸收体，热电材料吸收激光能量并转化成热量，导致探头温度变化产生电流，电流再通过薄片环形电阻转变成电压信号传输出来，如图 2-10 所示。

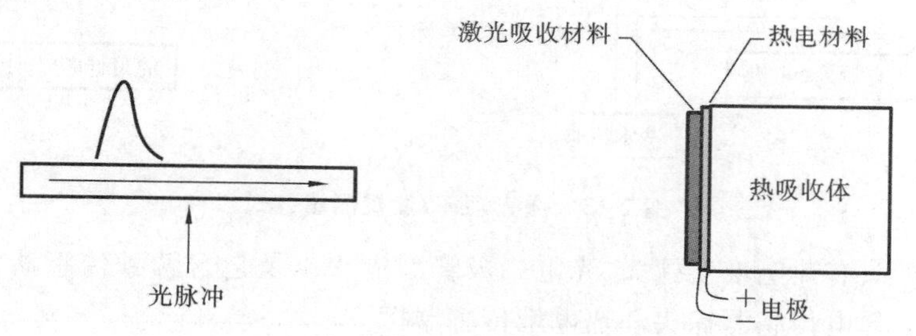

图 2-10 光-热激光功率/能量探头示意图

间接测量法中，选用光电式探头让激光信号转换为电流信号，再转化为与输入激光功率/能量成正比的电压信号完成能量的测量，如图 2-11 所示。此种方法探测灵敏度高、响应速度快、操作方便，因而市场占有率高。

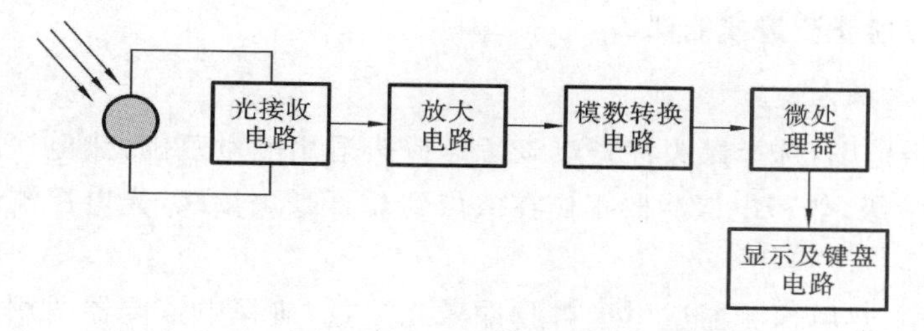

图 2-11 光-电激光功率/能量探头示意图

2）功率/能量测量方式

激光功率/能量的测量方式有两种：一种是连续激光功率测量，常用功率计测量激光功率，也可以用测量一定时间内的能量的方法求出平均功率；另一种是脉冲激光能量测量，常用能量计直接测量单个或数个脉冲的能量，也可以用快响应功率计测量脉冲瞬时功率，并对时间积分而求出能量。

激光功率/能量测量装置是由探头和功率计/能量计组成的，如图 2-12 所示。

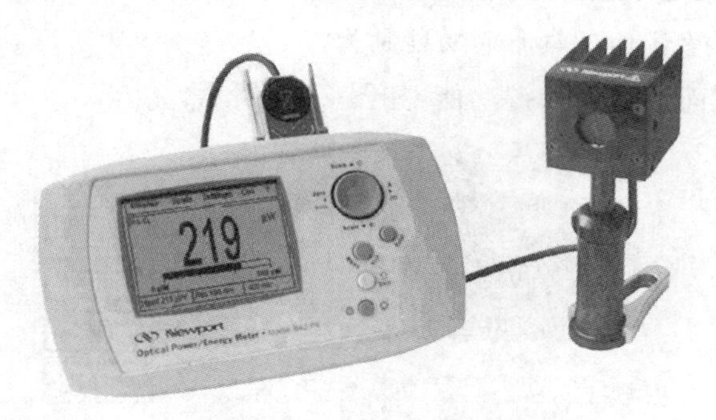

图 2-12 激光功率计与探头的连接

功率/能量测量区别只是使用了不同的功率探头/能量探头和功率计/能量计，如图 2-13 所示。

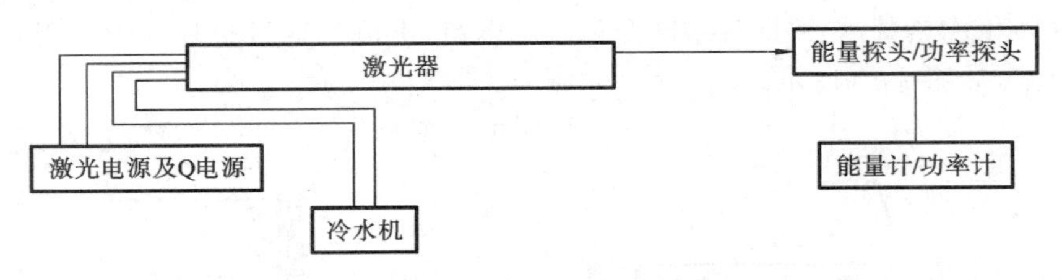

图 2-13 激光功率/能量测量方式

激光功率探头有热电堆型探头、光电二极管型探头以及包含两种传感器的综合探头，激光能量探头有热释电传感器探头和热电堆传感器探头。

探头选择取决于激光光束的类型及参数，例如，是连续激光还是脉冲激光、激光功率/能量范围是多少、激光光束波长范围等，没有一款探头能适应所有的激光测试条件。

由于探头种类较多，可以通过厂商提供的筛选软件来选择合适的探头。为了避免强激光的损害，激光功率/能量测试时探头前还可以选配各种形式的衰减器。

2. 激光功率/能量测量技能训练

1）测量探头选择方案

（1）适用能量范围：选择探头首先应该考虑探头适用能量范围，热电探测器可工作在毫焦到上千焦耳能量级，热释电探测器工作在微焦到几百毫焦量级，光电探测器可以工作在微焦以下。

（2）工作频率：热电探测器适用于单脉冲激光测量，热释电探测器适用于低频重复脉冲激光测量，光电探测器适用于各种频率的脉冲激光测量。

（3）光谱响应：热电探测器和热释电探测器通常具有宽光谱响应，并在一定的波长范围保持一致，光电探测器会因激光波长而具有不同响应灵敏度。

（4）激光损伤阈值：高功率连续激光和高峰值功率的短脉冲或重复频率的脉冲激光均会对探头造成损伤，激光功率/能量测量时需要同时考虑激光的峰值功率损伤和激光能量损伤，并且需对特定的测试进行激光功率密度或能量密度计算。

（5）光斑直径：激光光斑直径与激光探头口径应尽量对应。

2）激光功率计/能量计外观与界面功能简介

（1）激光功率计前面板主要按键功能，如图 2-14 所示。

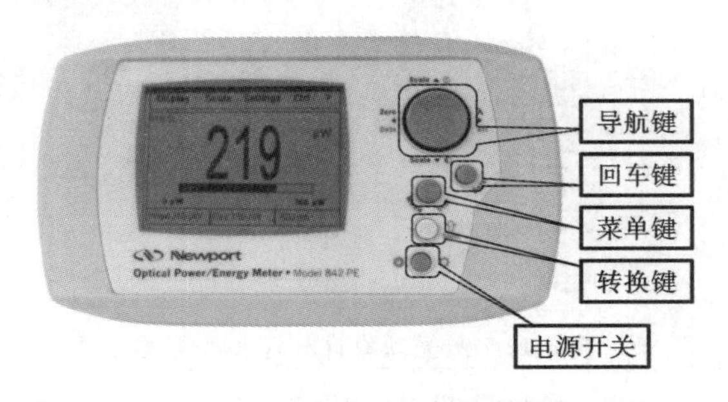

图 2-14 理波 842-PE 激光功率计前面板主要按键

(2) 激光功率计/能量计实时主界面菜单,如图 2-15 所示。

(3) 激光功率计/能量计脉冲能量等级预置下接菜单,如图 2-16 所示。

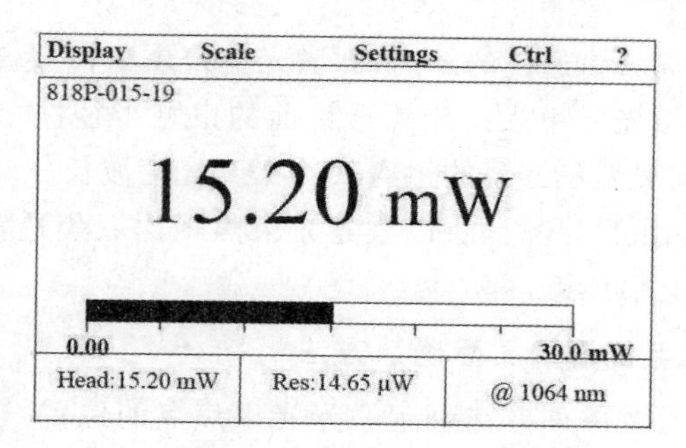

图 2-15 激光功率计/能量计实时主界面菜单

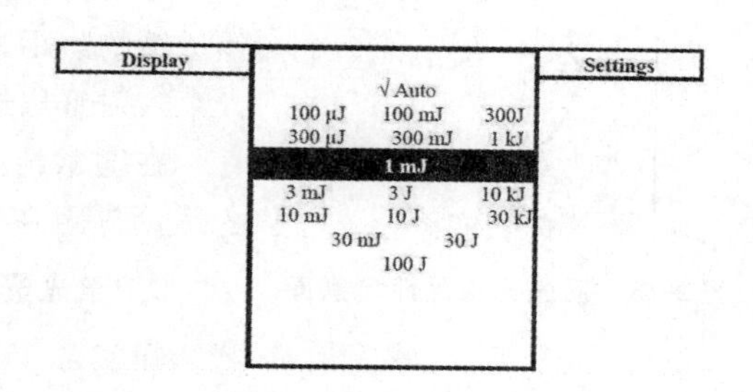

图 2-16 脉冲能量等级预置下拉菜单

(4) 激光功率计/能量计参数设置下拉菜单,如图 2-17 所示。

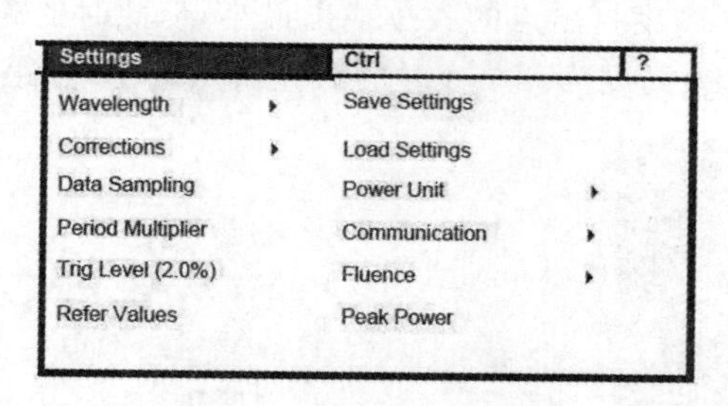

图 2-17 参数设置下拉菜单

3) 激光能量测量技能训练基本步骤

(1) 开启激光能量计,预热,进入主界面,选定测试激光对应的波长,预置激光最大能量。

(2) 能量计探头对准激光出光口。

(3) 选择激光设备重复频率,一般为 1 Hz,选择激光出光参数,测量激光单脉冲能量。

(4) 记录单脉冲能量,计算给定脉宽下的激光峰值功率是否满足要求。

4) 激光功率测量技能训练基本步骤

激光功率测量步骤与激光能量测量步骤基本一致。

(1) 开启激光功率计,预热,进入主界面,选定测试激光对应的波长,预置激光最大功率。

(2) 功率计探头对准激光出光口。

(3) 选择激光设备连续出光方式和出光参数,测量平均功率。

(4) 记录各参数,完成激光功率的测试。

2.1.4 激光光束焦距确定方法

1. 激光光束焦点离聚焦镜的理论距离

在激光加工设备的光路系统中,激光光束焦点离聚焦透镜的距离理论上可以由下列公式确定,如图 2-18 所示。

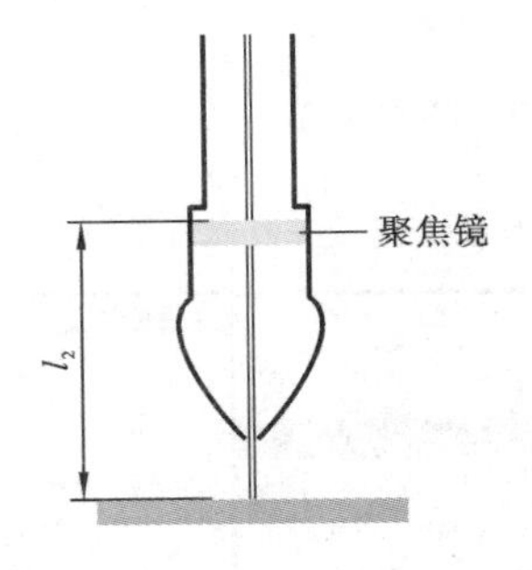

图 2-18 激光光束焦距示意图

$$l_2=f+(l_1-f)\frac{f^2}{(l_1-f)^2+\left(\frac{\pi\omega_0^2}{\lambda}\right)^2}$$

式中:l_2 为激光焦点离聚焦透镜的距离,即激光光束焦距;f 为聚焦透镜的焦距;ω_0 为激光光束入射聚焦透镜前的束腰半径;l_1 为光束入射聚焦透镜前离聚焦透镜的距离;λ 为激光光束波长。

在通常情况下,由于 $l_1>f$,所以激光光束焦距比聚焦透镜的理论焦距在数值上很接近,即 $l_2\approx f$。

2. 激光光束焦点位置的实际确认方法

在实际工作中通过下列方法确定激光光束焦点的位置。

1) 定位打点法

把一张硬纸板放在激光头下,用焦距尺调整激光头到硬纸板高度,按激光按键发出脉冲激光,通过比较激光头不同高度打出点的大小找出最小点,此时的高度即为激光光束焦点。

从图 2-19(b)可以看出,高度为 9 mm 时的激光斑点最小,焦距为 9 mm。

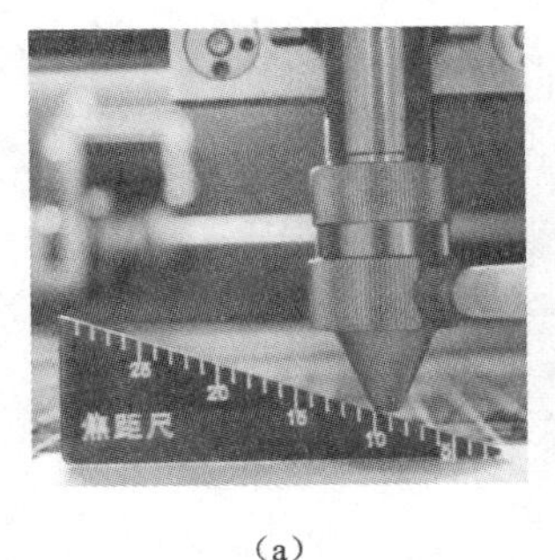

(a)

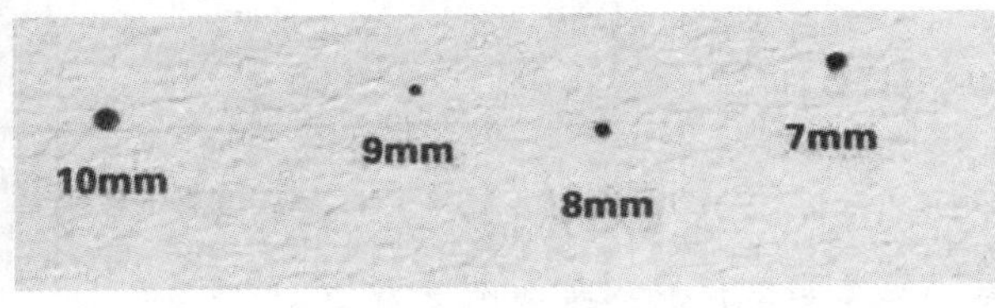

(b)

图 2-19 定位打点法示意图

2) 斜面焦点烧灼法

将平直的木板斜放在工作台上,斜度为10°～20°。确定加工起始点后让工作台沿 x 轴(或 y 轴)连续水平移动一段距离并让激光器连续输出激光,这时可以看到木板上有一条从宽变窄,然后又从窄变宽的激光光束的烧灼痕迹,痕迹最窄处即为焦点位置。测量在这个位置的木板距离镜片的距离就是实际的激光光束焦点位置,如图 2-20 所示。

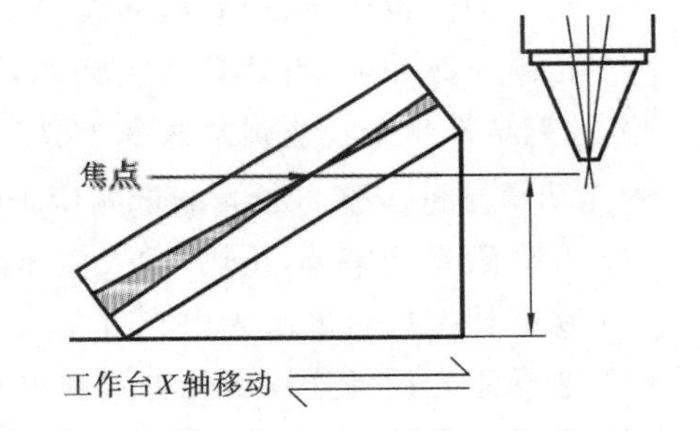

图 2-20 斜面焦点烧灼法示意图

2.1.5 激光光束焦深确定方法

光轴上某点的光强度降低至激光焦点处光强的一半时,该点至焦点的距离为光束的聚焦深度。关系式为

$$z=\frac{\lambda f^2}{\pi w_1^2}$$

式中：λ 为激光波长；f 为聚焦透镜焦距；w_1 为光束入射到聚焦透镜表面上的光斑半径。

由上式可见：聚焦深度与激光波长 λ 和聚焦透镜焦距 f 的平方成正比，与入射到聚焦透镜表面的光斑半径的平方成反比。例如，在深孔激光加工以及厚板的激光切割和焊接中，要减少锥度，均需要较大的聚焦深度。

2.2 打标产品尺寸误差测量方法

在激光打标产品加工完成后要测量产品的尺寸，主要使用游标卡尺。

游标卡尺可以满足绝大部分激光切割产品的尺寸精度测量，外形和刻度正确读法如图 2-21、图 2-22 所示。

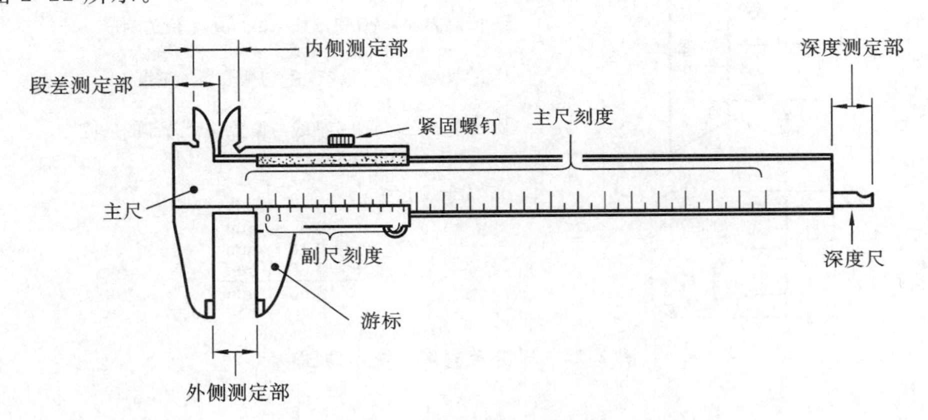

图 2-21 游标卡尺外形示意图

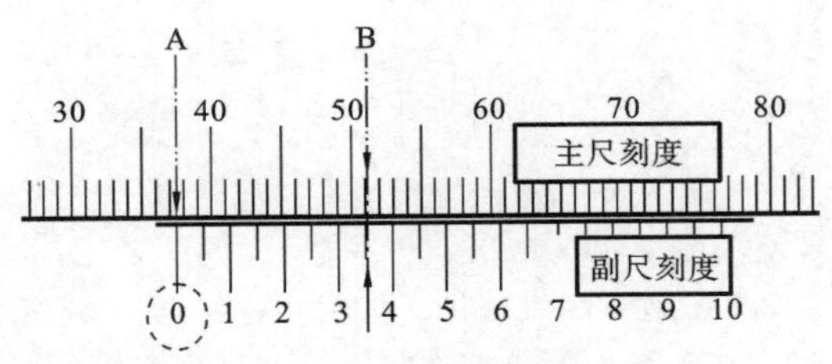

图 2-22 游标卡尺刻度读法示意图

微米量级尺寸精度可以用千分尺测量，外形和刻度正确读法如图 2-23、图 2-24 所示。

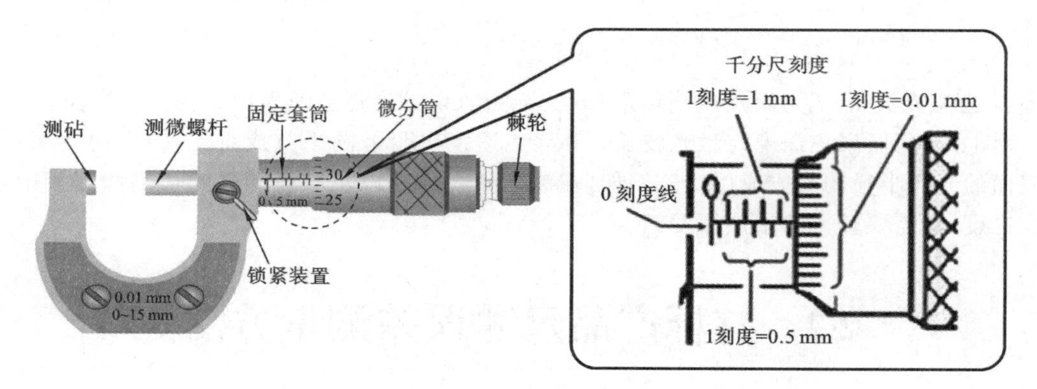

图 2-23 千分尺外形示意图

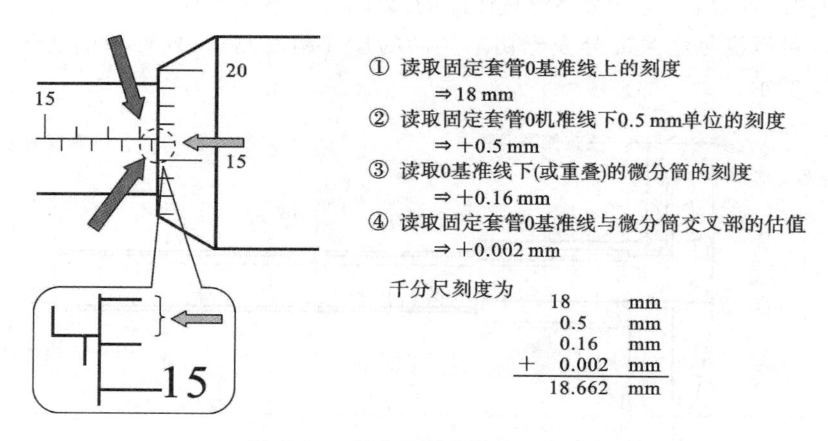

图 2-24 千分尺刻度读法示意图

3

激光打标图形处理知识与技能训练

3.1 激光打标图形处理知识

3.1.1 图形的分类和特点

1. 激光打标图形处理过程

(1) 大部分激光打标软件可以直接处理简单的图形和文字,如图 3-1 所示。

(2) 有几何尺寸要求、比较复杂的工程类图形建议在 AutoCAD 软件中处理。

(3) 不规则复杂文字和图形,尤其是动物图标和艺术字建议在 CorelDraw 软件中处理。

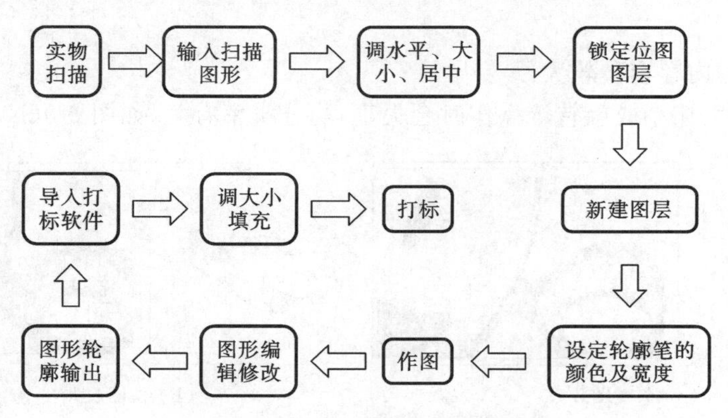

图 3-1 激光打标图形处理基本流程

2. 矢量图知识

1) 矢量图定义

矢量图是以数学矢量方式来记录图像线条和色块的,如图 3-2(a)所示。

（a）矢量图

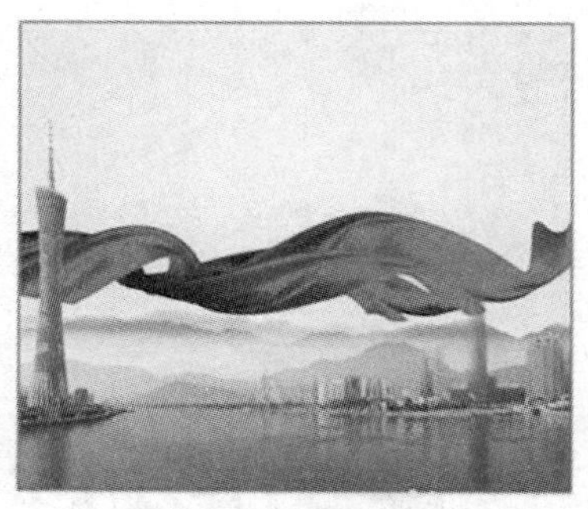

（b）位图

图 3-2　矢量图与位图示意图

2）特点

(1) 文件所占内存容量较小。

(2) 进行放大、缩小或旋转等操作时不会失真，与分辨率无关，如图 3-3(a)所示。

(3) 图像色调简单、色彩变化不多，绘制图形不是很逼真，主要用来表示标识、图标、LOGO 等简单直接的图像。

(4) 不容易在不同软件间交换文件，矢量图无法由扫描直接获得，需要依靠绘图软件。

3）主要类型

矢量图形格式很多，主要有 Adobe Illustrator 的 *.AI、*.EPS 和 *.SVG，AutoCAD 的 *.dwg和.dxf，CorelDRAW 的.PLT 和 *.cdr 等。

3. 位图知识

1）位图定义

位图是由像素点组成的图像，也称为点阵图像，如图 3-2(b)所示。

2）特点

(1) 文件所占内存容量较大。

(2) 进行放大、缩小或旋转等操作时会失真，与分辨率有关，如图 3-3(b)所示。

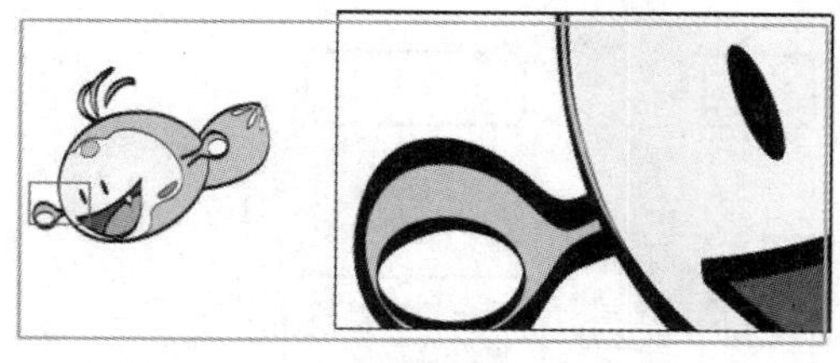

（a）矢量图放大

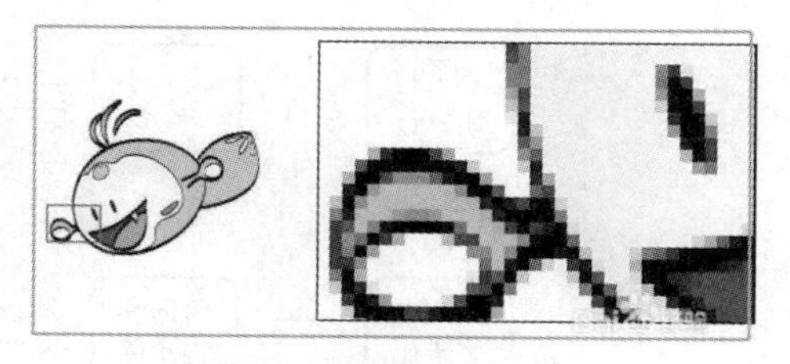

（b）位图放大

图 3-3　矢量图与位图放大效果示意图

(3) 图像色调丰富、色彩变化多，绘制图形逼真。

(4) 容易在不同软件间交换文件，可直接扫描获得。

3）主要类型

位图的文件类型很多，主要有 *.bmp、*.pcx、*.gif、*.jpg、*.tif、photoshop 的 *.psd 等。

3.2 激光打标图形处理软件知识

3.2.1 CorelDRAW 12 界面介绍与基本命令

1. CorelDRAW 12 概述

CorelDRAW 12 是 Corel 公司出品的矢量图形制作工具软件。

1）*启动 CorelDRAW 12*

CorelDRAW 12 软件汉化后，可以在【开始】菜单中执行【程序】中【CorelDRAW Graphics Suite 12】下的【CorelDRAW 12】程序来启动它，如图 3-4 所示。

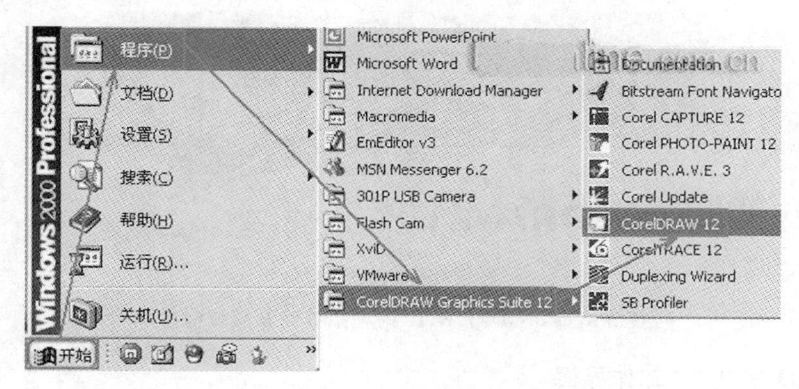

图 3-4 启动 CorelDRAW 12

2）*界面窗口*

在第一次运行 CorelDRAW 12 时，系统会开启欢迎界面窗口，如图 3-5 所示。

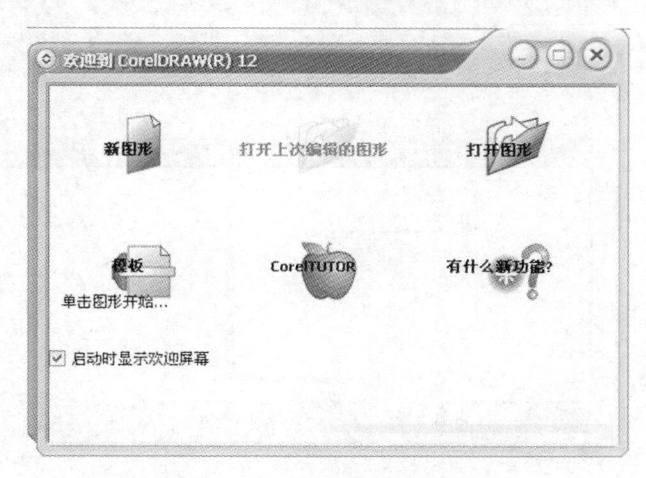

图 3-5 CorelDRAW 12 **界面窗口**

CorelDRAW 12 欢迎界面窗口提供了六个选项：

（1）新图形：单击此项可以创建一个新图形。

（2）打开上次编辑的图形：单击此项，可以打开上次编辑过的文件。图标上方显示上次编辑图形文件的名称。

（3）打开图形：单击此项打开已经存在的图形文件。

（4）模版：单击此项可以打开 CorelDRAW 12 的绘图模版。

（5）CorelTUTOR（Corel 教程）：单击此项可以启动教程，但是其中的内容全部是英文的。

（6）有什么新功能：介绍了 CorelDRAW 12 的新功能。

在第一次操作 CorelDRAW 12 后，如果不希望以后再出现欢迎界面，可以将左下角【启动时显示欢迎屏幕】前面的【√】去掉。

启动 CorelDRAW 12 时会显示初始界面及版权信息，如图 3-6 所示。

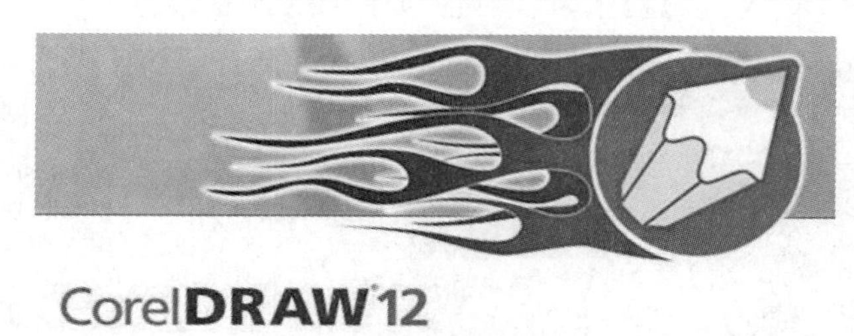

图 3-6 CorelDRAW 12 时初始界面及版权信息

2. CorelDRAW 12 工作界面

打开 CorelDRAW 12 后，在欢迎窗口中选择【新图形】图标，可以看到如图 3-7 所示的操作界面，打标加工大部分绘图工作都是在这里完成，必须熟练使用它。

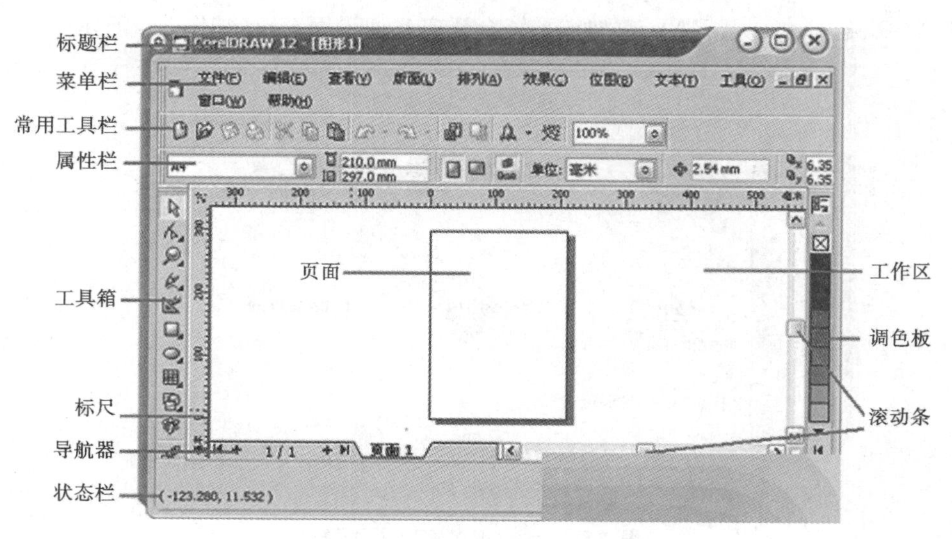

图 3-7 CorelDRAW 12 工作界面

(1) 菜单栏：CorelDRAW 12 的主要功能都可以通过执行菜单栏中的命令选项来完成，执行菜单命令是最基本的操作方式。

CorelDRAW 12 的菜单栏包括文件、编辑、查看、版面、排列、效果、位图、文本、工具、窗口和帮助这 11 个功能各异的菜单，如图 3-8 所示。

文件(F) 编辑(E) 查看(V) 版面(L) 排列(A) 效果(C) 位图(B) 文本(T) 工具(O) 窗口(W) 帮助(H)

图 3-8 菜单栏

(2) 常用工具栏：在常用工具栏上放置了最常用的一些功能选项并以命令按钮的形式体现出来，这些功能选项大多数是从菜单中挑选出来的，如图 3-9 所示。

800%

图 3-9 常用工具栏

(3) 属性栏：属性栏能提供在操作中选择对象和使用工具时的相关属性，通过对属性栏中相关属性的设置，可以控制对象产生相应的变化，如图 3-10 所示。

当没有选中任何对象时，系统默认的属性栏中提供的是文档的一些版面布局信息。

x: 113.318 mm 136.025 mr 100.0 % .0 0 0
y: 203.057 mm 101.285 mr 100.0 % 0 0

图 3-10 属性栏

(4) 工具箱：系统默认时位于工作区的左边。工具箱中放置了经常使用的编辑工具，并将功能近似的工具以展开的方式归类组合在一起，使操作更加灵活方便，如图 3-11 所示。

图 3-11 工具箱

(5) 状态栏：在状态栏将显示当前工作状态的相关信息，如被选中对象的简要属性、工具使用状态提示及鼠标坐标位置等信息，如图 3-12 所示。

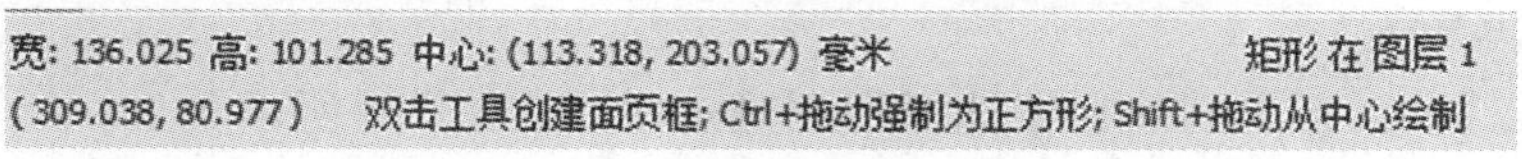

宽: 136.025 高: 101.285 中心: (113.318, 203.057) 毫米 矩形 在图层 1
(309.038, 80.977) 双击工具创建面页框; Ctrl+拖动强制为正方形; Shift+拖动从中心绘制

图 3-12 状态栏

(6) 导航器：在导航器中间显示的是文件当前活动页面的页码和总页码，可以通过单击页面标签或箭头来选择需要的页面，适用于多文档操作，如图 3-13 所示。

1/3 页面 1 页面 2 页面 3

图 3-13 导航器

(7) 工作区：工作区又称为桌面，是指绘图页面以外的区域。

在绘图过程中可以将绘图页面中的对象拖到工作区存放，类似于一个剪贴板，它可以存放多个图形，使用起来很方便。

(8) 调色板：系统默认位于工作区的右边，利用调色板可以快速地选择轮廓色和填充色，如图 3-14 所示。

图 3-14　调色板

(9) 视图导航器：这是 CorelDRAW 10 以上版本新增加的一个界面功能，通过单击工作区右下角的视图导航器图标来启动该功能后，用户可以在弹出的含有所需文档的迷你窗口中随意移动，以显示文档的不同区域，特别适合对象放大后的图像编辑，如图 3-15 所示。

3. CorelDRAW 12 基础操作方法

1) 定制自己的操作界面

在 CorelDRAW 12 中只需按下 Alt（移动）键或是 Ctrl＋Alt（复制）不放，将菜单中的项目、命令拖放到属性栏或另外的菜单中的相应位置，就可以选择工具条中的工具位置及数量，图 3-16 所示的是将工具箱中【缩放工具】的放大和缩小工具移动到常用工具栏中。

图 3-15　视图导航器

图 3-16　定制自己的操作界面

图 3-17　自定义菜单

在 CorelDRAW 12 中，用户还可以通过在【工具】菜单的【自定义】对话框中进行相关设置来进一步自定义菜单、工具箱、工具栏及状态栏等界面，如图 3-17 所示。

2) 文件的导入

(1) 图形的导入：单击菜单栏中【文件】中的【导入】(Ctrl＋I)，或单击导入图标即可。

(2) 导入时【裁剪】位图：许多时候绘制图形只需要导入位图一部分，用户可以将需要的部分剪切下来再导入。

① 在【导入】对话框的列选栏中选择【裁剪】选项，如图 3-18 所示。

② 单击【导入】按钮，弹出【裁剪图像】对话框，如图 3-19 所示。

● 在对话框预览窗口通过拖动修剪选取框中的控制点来直观地控制对象的范围。包含在选取框中的图形区域将被保留，其余的部分将裁剪掉。

● 精确修剪可以在【选择要裁剪的区域】选项框中设置距离【上】的【宽度】、距离【左】的【高度】增量框中的数值。

● 默认【选择要裁剪的区域】选项框选项以【像素】为单位，用户可以在【单位】列选框中选择其他计量单位。

● 对修剪区域不满意可以单击【全选】按钮，重新设置修剪选项值。在对话框下面的【新图像大小】栏中显示了修剪后新图像的文件尺寸大小。

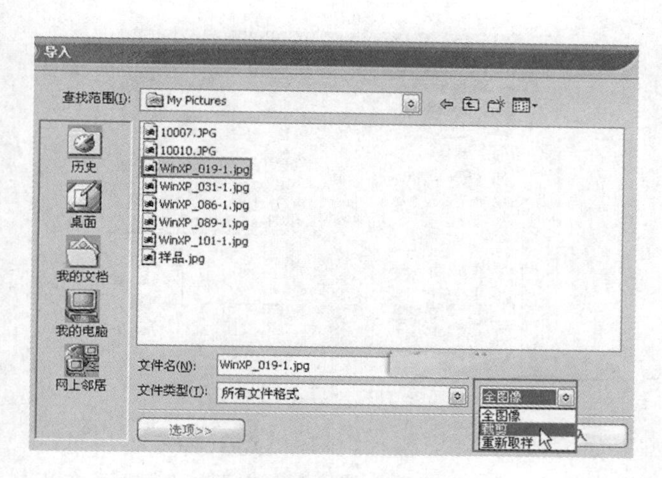

图 3-18 导入时【裁剪】位图步骤 1

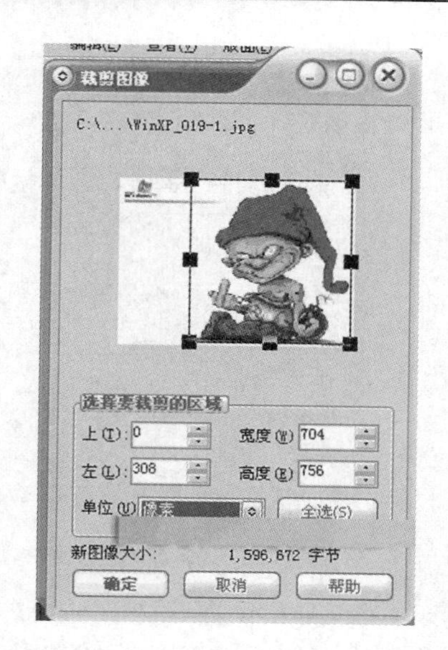

图 3-19 导入时【裁剪】位图步骤 2

设置完成后，单击【确定】按钮，这时在鼠标右下方显示图片相应信息。在绘图页面中拖动鼠标，即可将导入的图像按鼠标拖出的尺寸导入绘图页面，如图 3-20 所示。

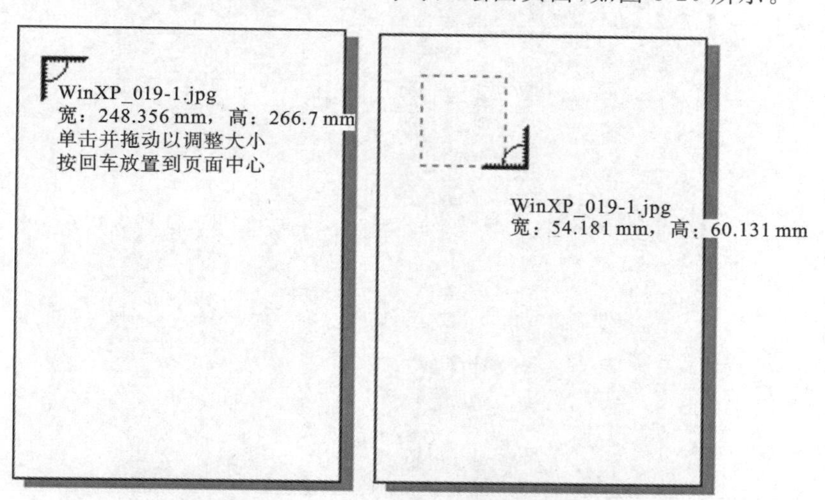

图 3-20 图像导入绘图页面

（3）导入时【重新取样】位图：导入时【重新取样】位图，可以更改对象的尺寸、解析度，以及消除缩放对象后产生的锯齿现象，从而控制对象文件大小和显示质量，具体操作步骤如下。

① 在【导入】对话框的列选栏中选择【重新取样】。

② 单击【重新取样】按钮，弹出【重新取样图样】对话框。

③ 在【重新取样图样】对话框中设置【宽度】和【高度】的分辨率，如图 3-21 所示。

3）文件的导出

（1）图形的导出：单击【文件】中的【导出】(Ctrl＋E)或单击导出图标，如图 3-22 所示。

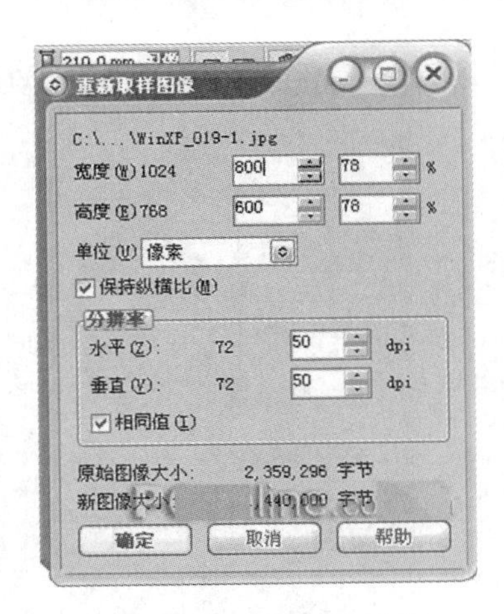

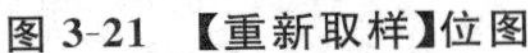

图 3-21 【重新取样】位图

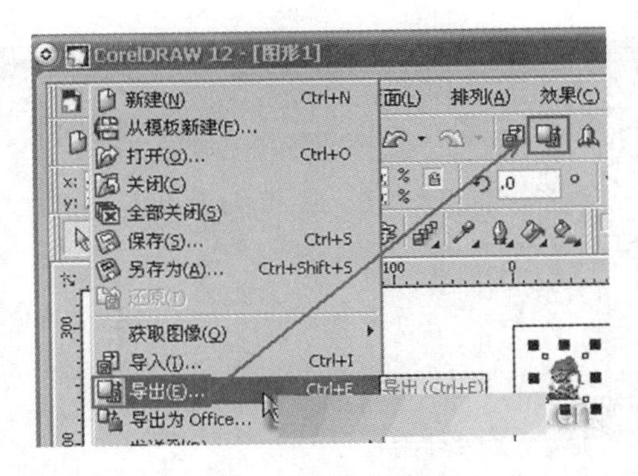

图 3-22 导出图标

(2) 导出设置:导出时选择【文件类型】(如 BMP 文件类型)、【排序类型】(如最近用过的文件),单击【导出】按钮,在【转换为位图】对话框中设置,完成后单击【确定】按钮,即可在指定的文件夹内生成导出文件,如图 3-23 所示。

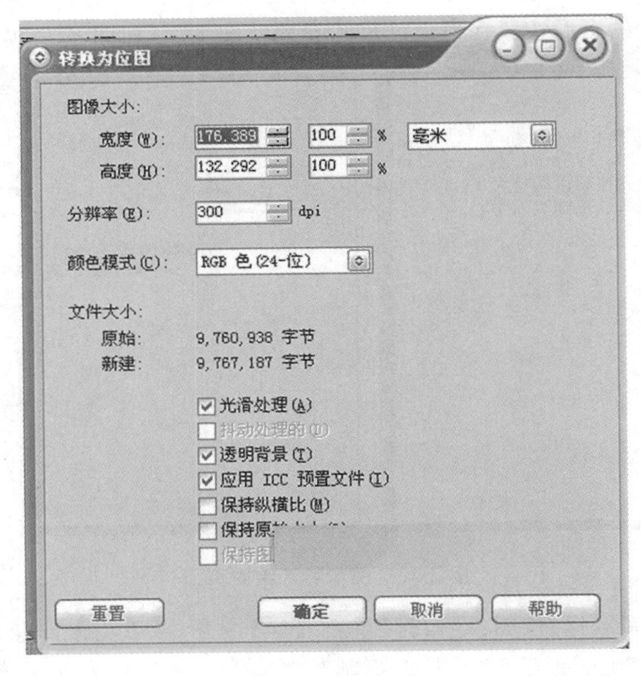

图 3-23 导出设置

4) 显示模式

CorelDRAW 12 提供了多种图像显示方式,用于查看编辑效果。

在【查看】菜单中可以选择的显示模式有【简单线框】、【线框】、【草稿】、【正常】和【增强】,如图 3-24 所示。

激光打标时常用【简单线框】或【线框】模式,【简单线框】模式视图效果如图 3-25 所示。

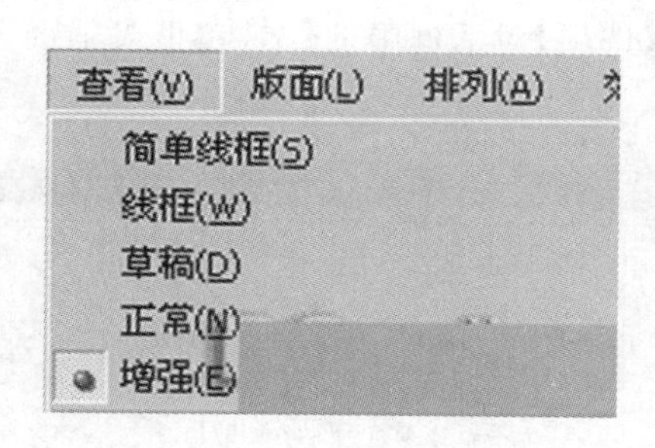

图 3-24　显示模式

图 3-25　【简单线框】显示模式

5）版面设置

(1) 页面类型:【新建】文件后页面大小默认为 A4,在【属性栏】可以设置页面大小及方向,如图 3-26 所示。

图 3-26　设置页面类型

(2) 插入和删除页面。

① 插入方法一:执行【版面】下的【插入页】命令,在【插入】后面输入数值或利用上下按钮进行数值输入,如图 3-27 所示。

② 插入方法二:在导航器上利用两个＋号进行插页,如图 3-28 所示。

③ 插入方法三:利用导航器右键菜单,单击按钮切换到第 1 页,单击按钮切换到最后一页。

④ 删除页面:使用【版面】中的【删除页面】选项,在弹出的【删除页面】对话框中输入要删除的页号序号,也可以直接在页面标签上单击右键选择【删除页面】。

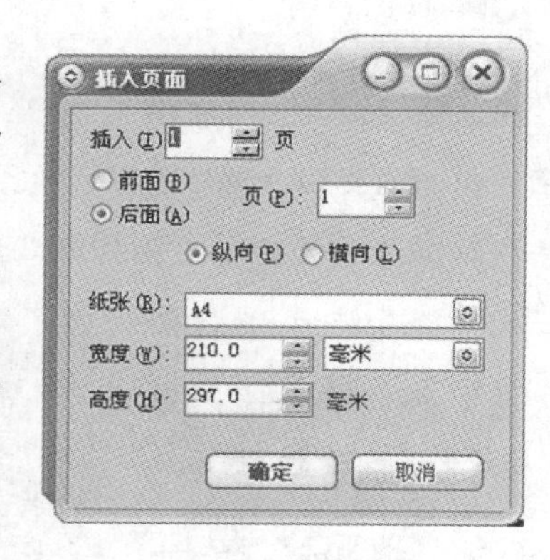

图 3-27　插入和删除页面

勾选【通到页面】复选项后,可删除从【删除页面】中设置的页号到【通到页面】页号之间的所有页面,如图 3-29 所示。

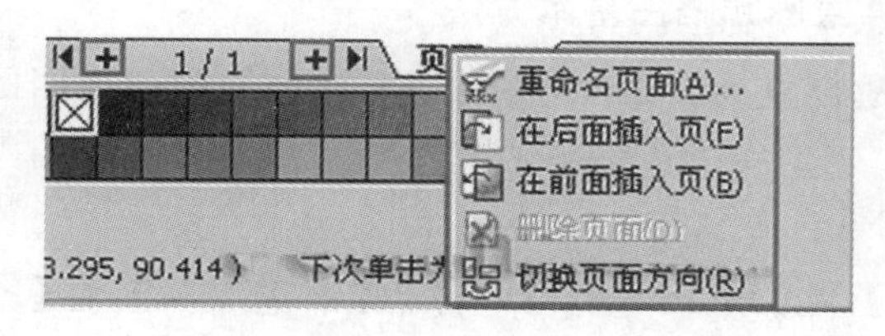

图 3-28　导航器上利用两个＋号插页

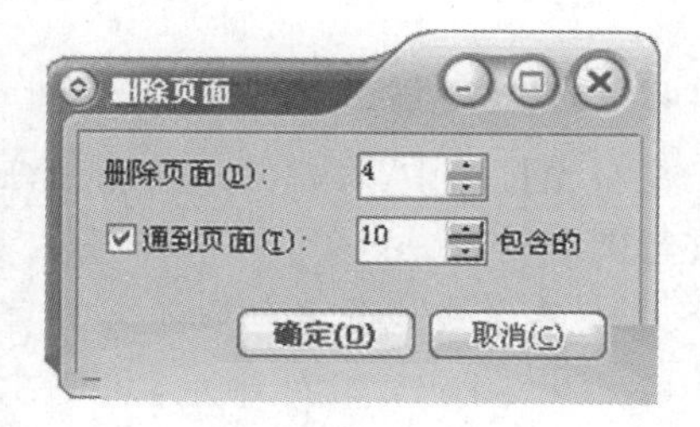

图 3-29　删除页面

6）辅助设置

（1）在【查看】中可以显示/隐藏【标尺】、【网格】、【辅助线】等辅助选项，如图 3-30 所示。

（2）单击【工具】中的【选项】命令，在弹出的【选项】对话框中的【文档】里对辅助选项进行设置，如图 3-31 所示。

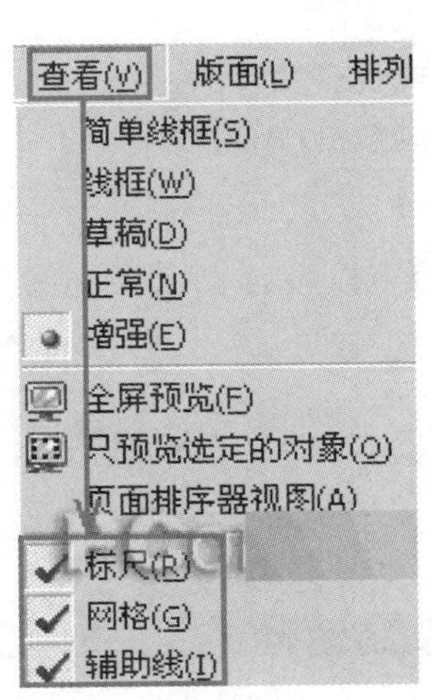

图 3-30 【查看】中的辅助选项

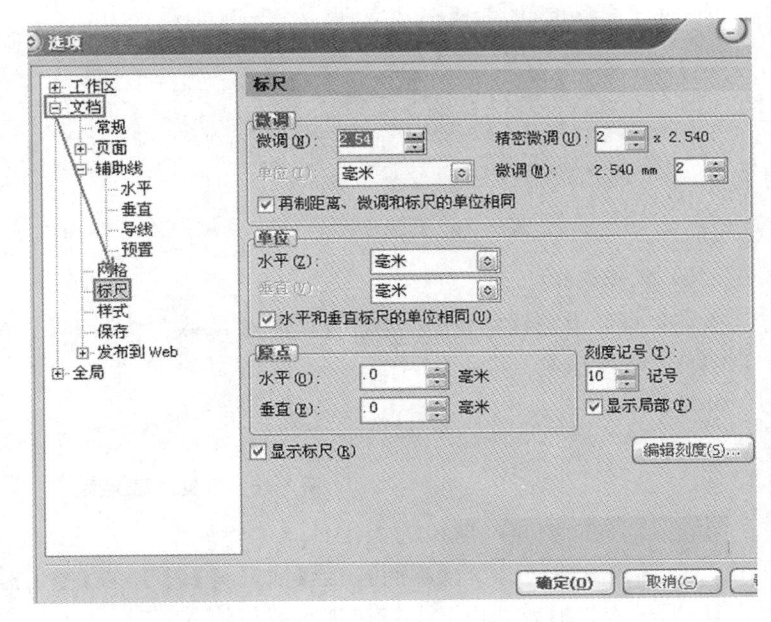

图 3-31 【选项】对话框中的辅助选项

辅助选项功能示意图如图 3-32 所示。

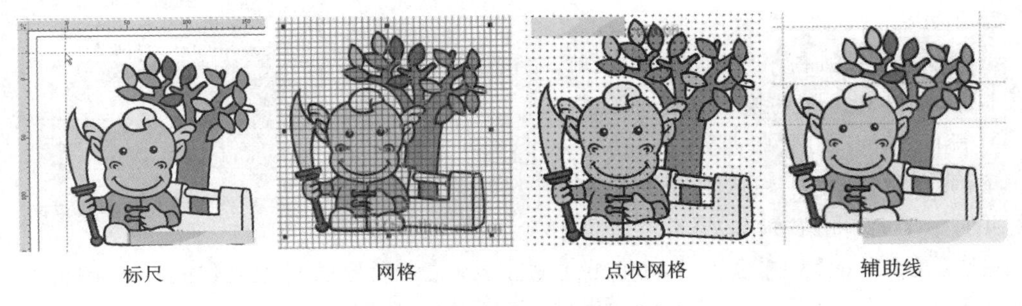

图 3-32 辅助选项功能效果示意图

4. 激光打标图形处理中 CorelDraw 软件绘图和描图基本方法

在激光打标中，客户给出的图往往是不适合直接加工的，用户还要综合绘图和描图的方法进行图形处理。

1）贝赛尔曲线基本命令

（1）CorelDraw 软件中的【贝赛尔工具】，在【PhotoShop】中称为【钢笔工具】，在【Fireworks】中称为【画笔】，名称虽然不同但作用一致，如图 3-33 所示。

（2）绘制连续线段：贝塞尔工具可以连续地绘制多段线段，如图 3-34 所示。

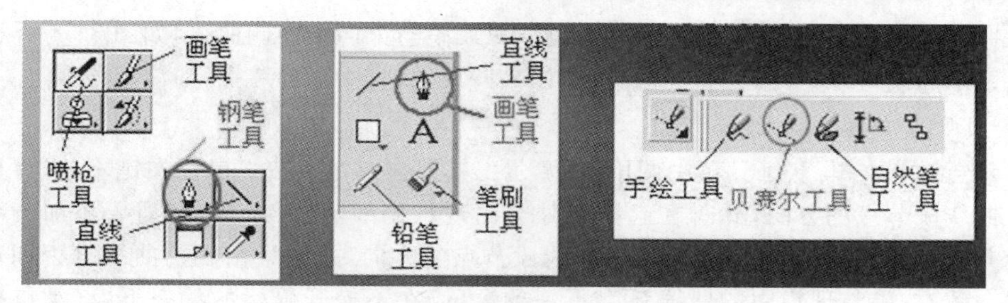

图 3-33 【贝赛尔工具】在不同软件中的名称

先在某个位置单击鼠标以指定起始点，然后将鼠标移向圈 1 处单击指定第一个线段的终止点，继续将鼠标移向圈 2 处单击，完成第二线段的绘制，以此类推，鼠标不断地在新的位置单击，就不断地产生新的线段。

(3) 绘制封闭对象：贝塞尔工具绘制封闭对象，如图 3-35 所示。

在圈 1 处单击鼠标指定起始点，移动鼠标在圈 2、圈 3、圈 4、圈 5 处单击，最后移向圈 1 处在起始点上单击鼠标完成闭合操作，完成封闭多边形绘制。

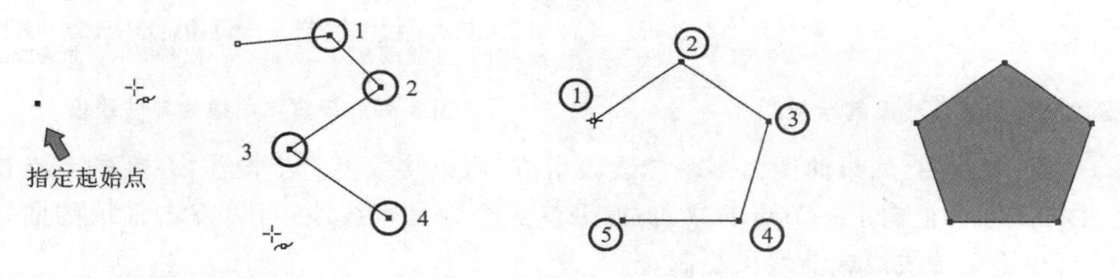

图 3-34 贝塞尔工具连续绘制线段　　图 3-35 贝塞尔工具绘制封闭对象

2) 认识贝塞尔曲线

(1) 贝塞尔曲线组成：贝塞尔曲线是由节点连接而成的线段组成的直线或曲线，每个节点都有控制点，允许修改线条的形状，在曲线段上每个选中的节点显示一条或两条方向线，方向线以方向点结束。

方向线和方向点的位置决定曲线段的大小和形状，如图 3-36 所示。

(2) 贝塞尔曲线种类：贝塞尔曲线包括对称曲线和尖突曲线两类。

对称曲线由名为对称点的节点连接，在对称点上移动控制线时同时调整对称节点两侧的曲线，如图 3-37 所示。

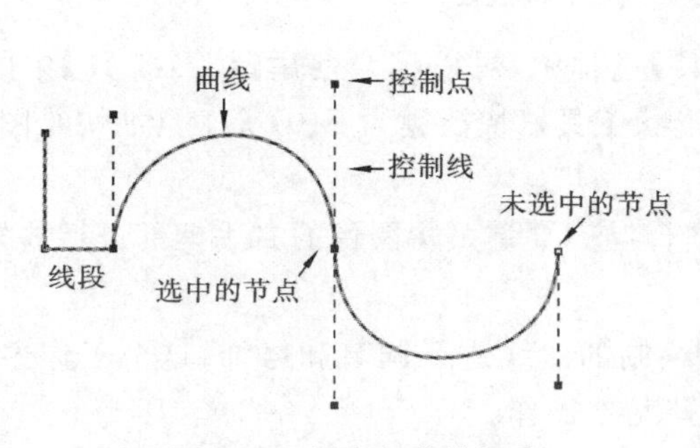

图 3-36 贝塞尔曲线组成

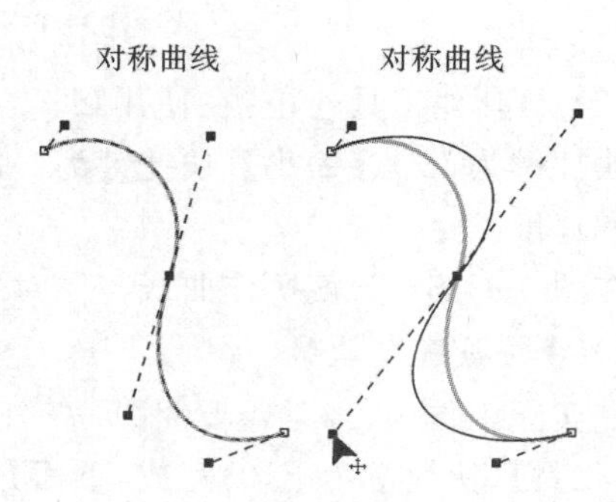

图 3-37 对称曲线及其绘制

尖突曲线由角点连接，在角点移动控制线只调整与方向线同侧曲线，如图 3-38 所示。

贝塞尔曲线可以是闭合的，如圆；也可以是开放的，有明显的终点，如波浪线。

3）用贝塞尔曲线绘图

(1) 绘制单线图：从工具箱中调用【贝赛尔工具】，在起始点按下鼠标左键不放，将鼠标拖向下一曲线段节点的方向，此时在起始点处会出现控制线，松开鼠标，在需要添加节点处按下鼠标并保持不放，将鼠标再拖向下一曲线段节点的方向，并观察出现的曲线是否和理想中的曲线一致，如果与理想中的曲线弧度不一致，可以在不松开鼠标的状态下，移动鼠标使其适合所需要的弧度，如图3-39所示。

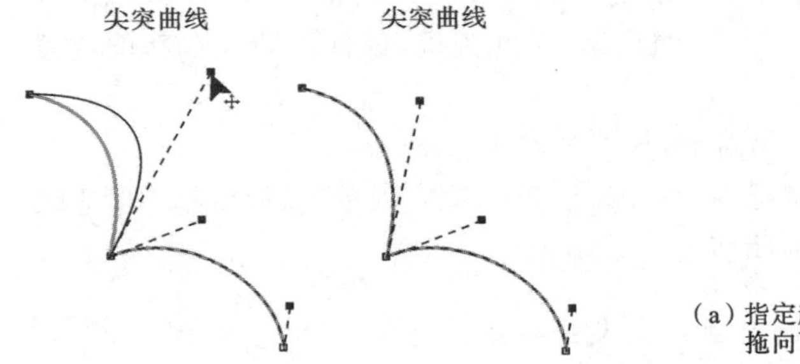

图 3-38 尖突曲线及其绘制

(a) 指定起始点，按住鼠标拖向下一曲线段方向

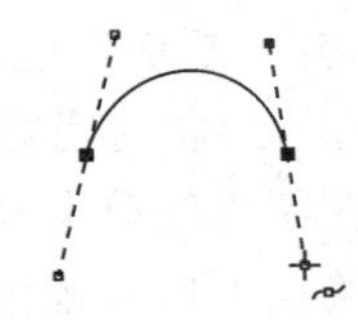

(b) 指定延续节点，并按住鼠标拖向更下一曲线段的方向

图 3-39 贝塞尔曲线绘单一线段

(2) 绘制多线图：如果曲线由多个曲线段组成，可以接续上一步操作，在新的节点位置按下鼠标并将鼠标再拖向下一节点的方向；如果节点绘制是直线段，可以双击最后的曲线段节点，便可以开始新的线段或曲线段绘制。

在绘制曲线的过程中，双击最后一个节点可以改变下一节点的伸展属性，使其和起始点相一致，以便开始新的线段的绘制，如图 3-40 圈中所示。

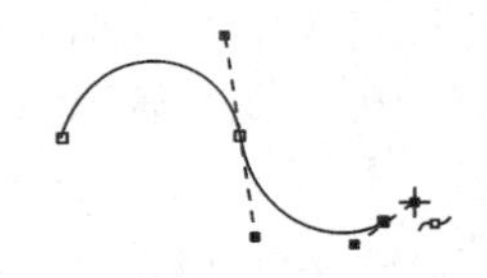

(a) 只要还有新的曲线段要绘制，鼠标就应该拖向下一节点的方向

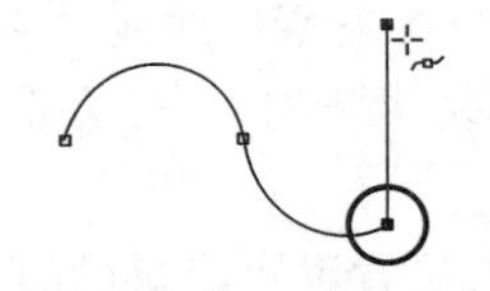

(b) 如果节点的下一步绘制的是直线段，可以双击最后的曲线段节点，便可以开始新的线段或曲线段绘制

图 3-40 贝塞尔曲线绘连续线段

(3) 与其他工具连用：在使用【贝赛尔工具】过程中，可以配合使用【缩放工具】中的【放大】(快捷键为 F2)、【缩小】(快捷键为 F3) 和【形状工具】(快捷键为 F10) 等工具加快绘图的准确性和速度。

在图 3-41 中，为使所作曲线与原对象更嵌合，按 F2 键可将图像的右手柄部进行放大。

4）修饰贝塞尔曲线

在实际工作中，经常需要对【贝赛尔工具】绘制的曲线进行调节和修饰，这个工作主要由【形状工具】(快捷键为 F10) 完成，下面介绍一些基本操作。

(1) 直线转曲线：要将直线线段改变为曲线，可以用【形状工具】(快捷键为 F10) 在要转

图 3-41 与缩放工具连用示意图

换为曲线的直线段上单击，然后单击属性工具栏中的【转换直线为曲线】按钮，直线段即被转换为曲线，并出现控制线，如图 3-42(a)所示，其他常用转换如图 3-42(b)、(c)所示。

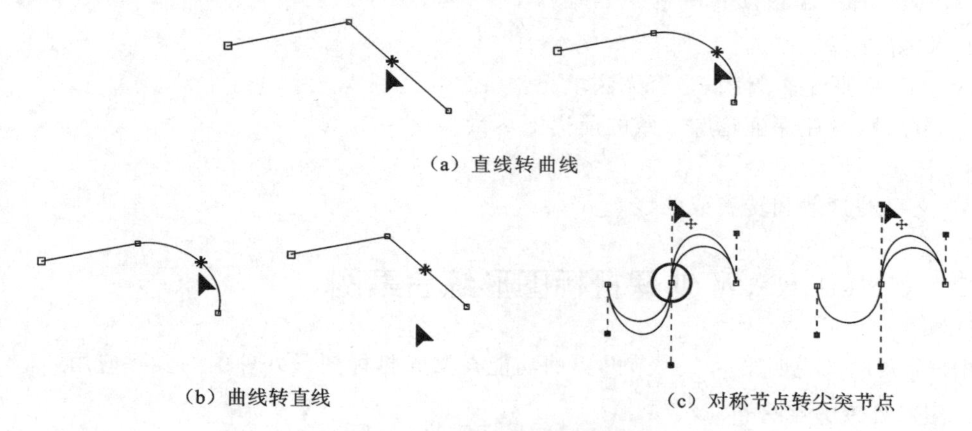

(a) 直线转曲线

(b) 曲线转直线

(c) 对称节点转尖突节点

图 3-42 曲线特性修改示意图

(2) 闭合曲线：使用【贝赛尔工具】绘制曲线时，如果终点与起点不形成封闭的路径就无法对该对象进行色彩填充，实际加工时就只能打标轮廓，无法完成表面激光雕刻过程。

要闭合一个曲线对象时可以将鼠标移向起始点，此时鼠标会变成图示符号，表示可以进行曲线闭合，或单击【属性】工具栏中的【自动闭合曲线】按钮，使曲线成为封闭的路径，如图 3-43 所示。

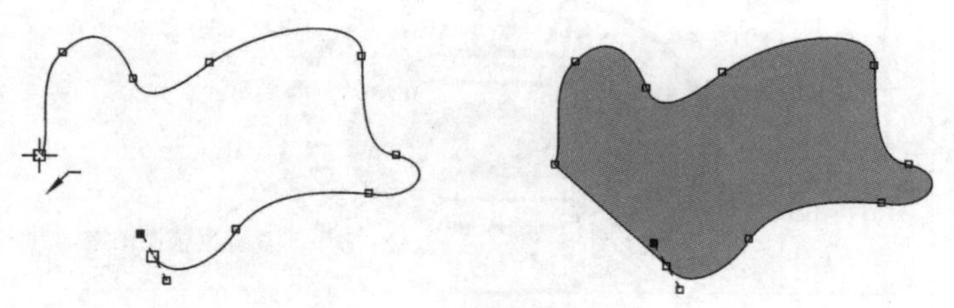

图 3-43 闭合曲线示意图

5. 打标图形处理注意问题

1) 描图前准备工作

位图调水平→锁定底图→新建图层→设定颜色和线宽。

2) 确认图标中图形处理方式

(1) 能绘制图形的尽量不描：由规则几何图形组成的轮廓，可使用图库的基本图形进行修剪、组合和连接等工作。

(2) 轮廓应和原图尽量一致,描图时放大比例要合适。

(3) 图形要封闭才能填充,注意先组合再填充。

3) 确认图标中文字处理方法

(1) 将字体库尽量装全;输入文字时,能找到现成字体的尽量不要描。

(2) 简单文字可以在激光软件中直接处理,特别是简单、常用的字体。

(3) 较多及编排较复杂的文字在绘图软件 CorelDraw 中进行文字的编辑处理。

(4) 在绘图软件 CorelDraw 中,复杂且专门设计的文字当图形进行描图处理,如公司商标中经过处理的艺术字或设计的文字。

4) CorelDraw 描图注意事项

(1) 做好准备工作。

(2) 注意图形是否封闭,是否无法填充。

(3) 节点数量在保证轮廓一致的前提下尽量少。

(4) 注意图形的组合。

(5) 文字的打散和转换成曲线。

3.2.2 CorelDRAW 处理打标图形综合案例

用一个案例来说明第 3.2.1 节的界面功能在激光打标图形处理中的实际应用。

1. 图形处理方案分析

图 3-44 所示的是某单位待打标加工的图标,做以下简要分析。

该图标可以分为三个大的部分:第 1 部分是单位的 LOGO,这一部分必须采用绘描图的办法形成图案;第 2 部分是单位的英文字母和数字,搜索字库可以发现与 Times New Roman 比较相像,可以选取字库的字体以便较快捷地处理字体;第 3 部分是标准椭圆图案,可以直接在软件中作图完成。

图 3-44　打标图形处理综合案例

2. 图形处理步骤

(1) 步骤 1,调整位图至水平,锁定位图所在图层,【新建】图层,如图 3-45 所示。

(2) 步骤 2,设定新图层的【颜色】和【线宽】,颜色以对比强烈为好,线宽 0.001 mm,如图 3-46 所示。

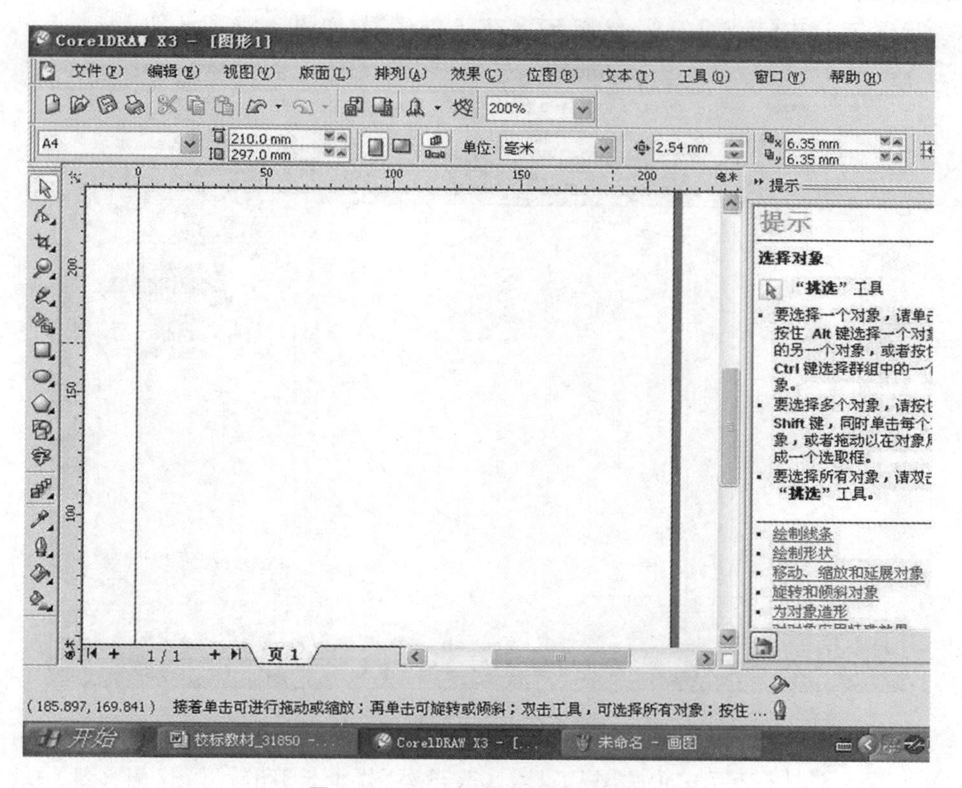

图 3-45 图形处理步骤 1 示意图

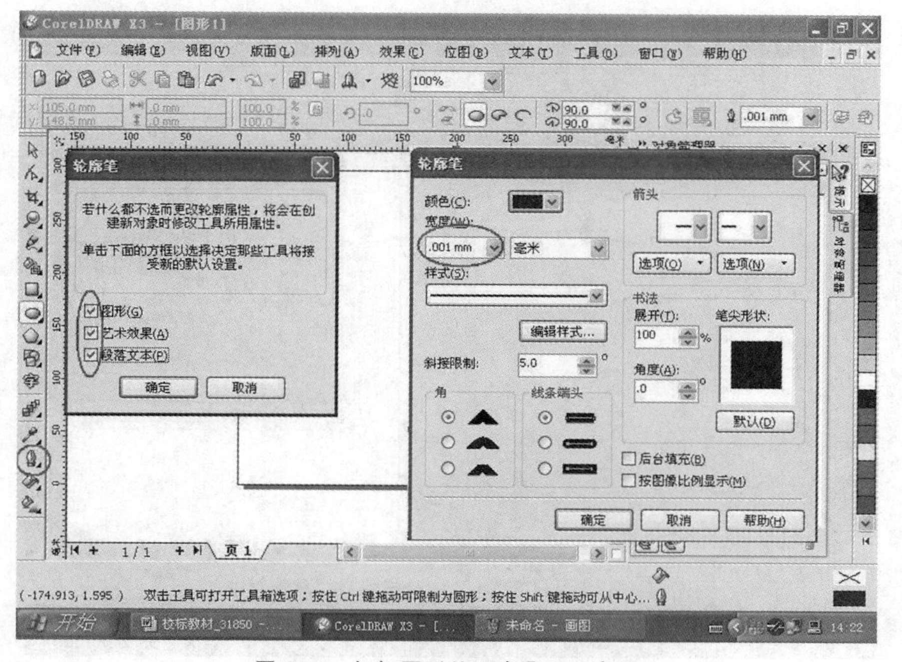

图 3-46 打标图形处理步骤 2 示意图

(3) 步骤 3,选中【椭圆】工具,绘制 55×38.5 的椭圆,如图 3-47 所示。

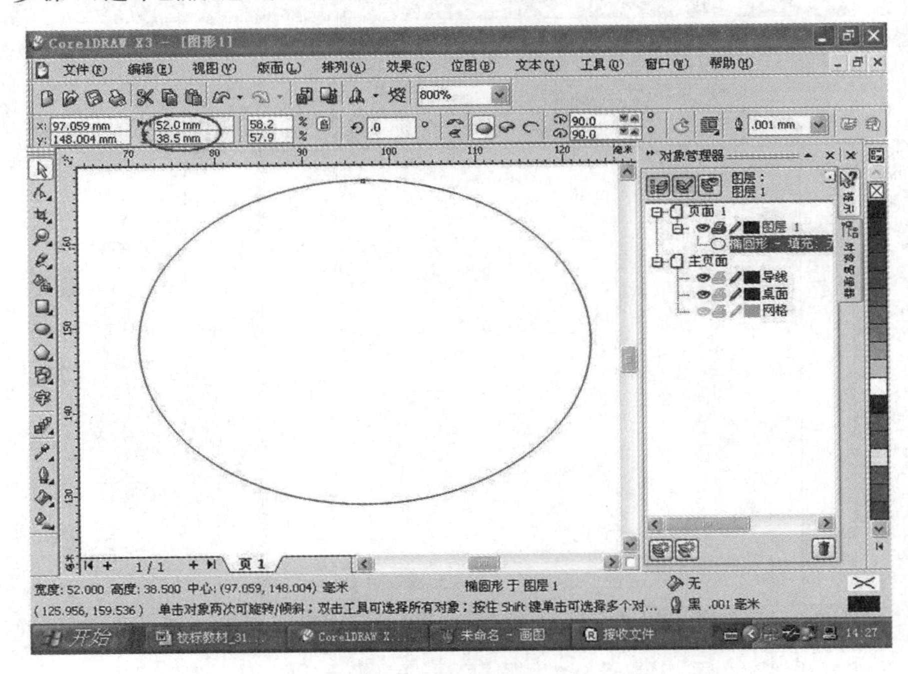

图 3-47 打标图形处理步骤 3 示意图

(4) 步骤 4,选中【交互式轮廓图】工具,修改轮廓图【步长】和轮廓图【偏移量】的设置,如图 3-48 所示。

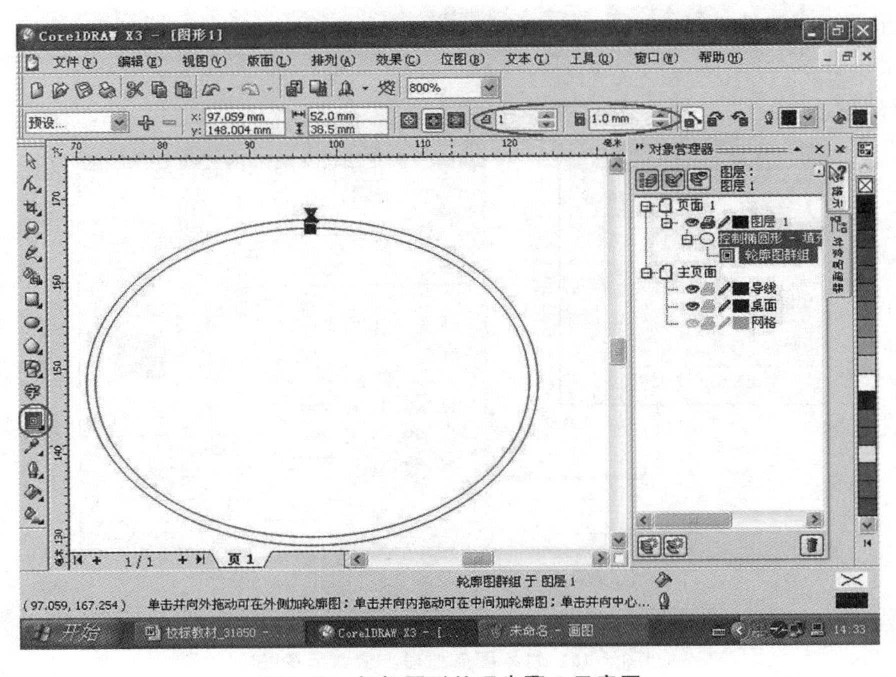

图 3-48 打标图形处理步骤 4 示意图

(5) 步骤 5,选中椭圆,单击鼠标右键选择【拆分 轮廓图群组】,如图 3-49 所示。

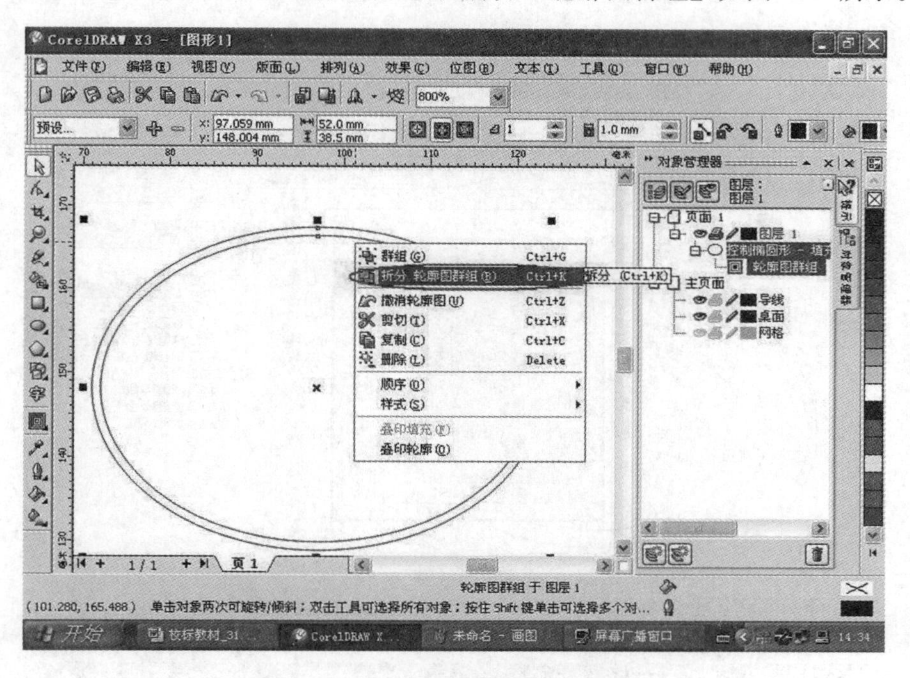

图 3-49 打标图形处理步骤 5 示意图

(6) 步骤 6,选中椭圆,再绘制 40.5×27.5、36×23.5 的两个椭圆和一个直径为 6 的标准圆,如图 3-50 所示。

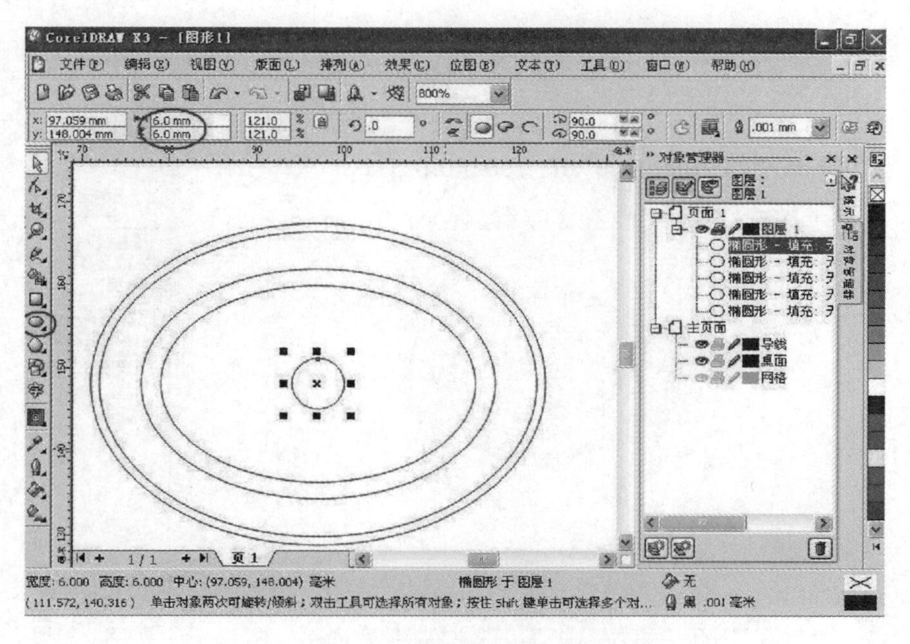

图 3-50 打标图形处理步骤 6 示意图

（7）步骤7，选择【文本】工具勾选图示两项，单击字体列表选择【Times New Roman】字体，字体高度15Pt，如图3-51所示。

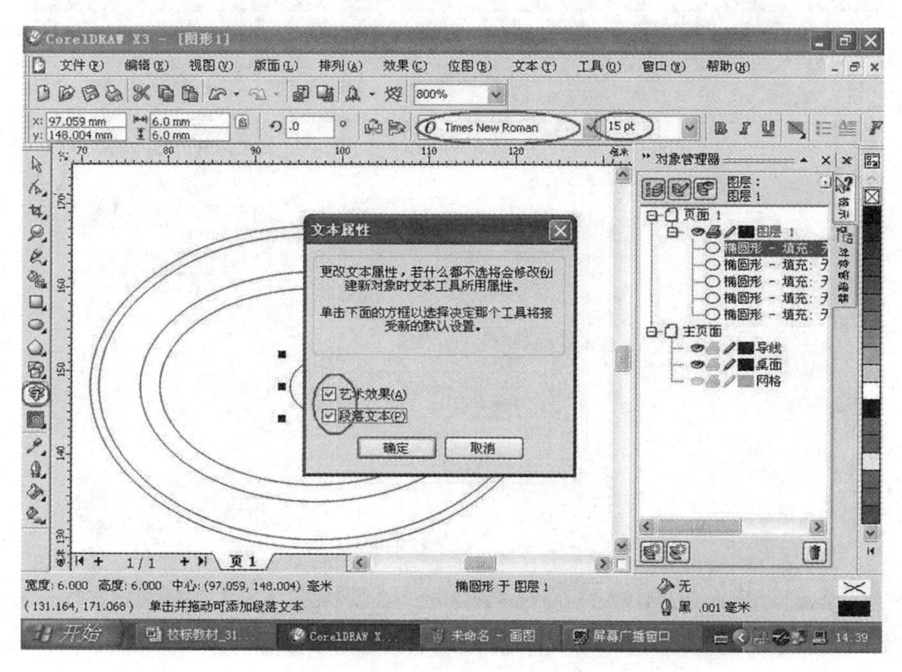

图 3-51　打标图形处理步骤7示意图

（8）步骤8，双击鼠标输入【Shenzhen Institute of Technology】，注意空格，如图3-52所示。

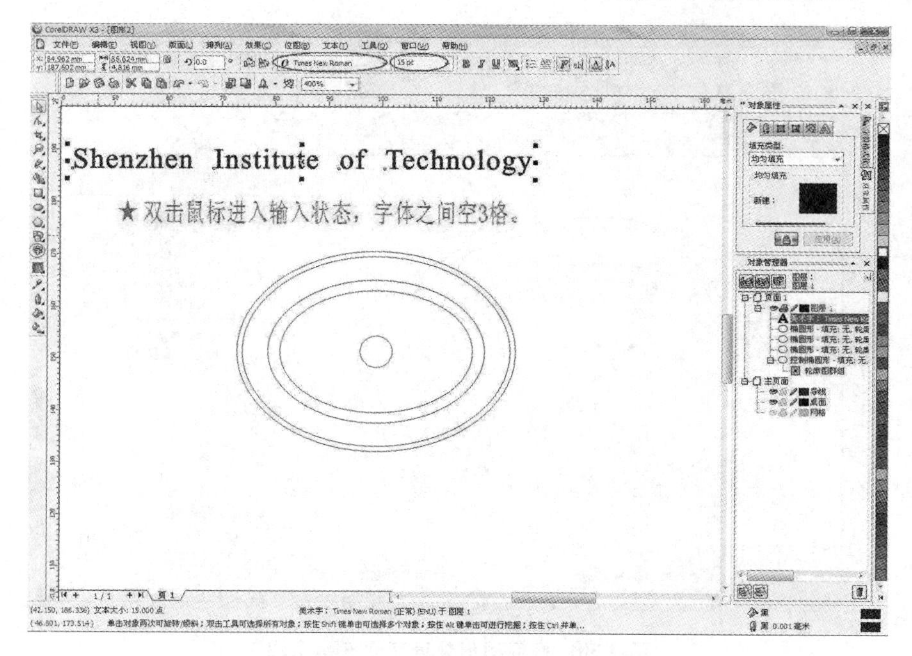

图 3-52　打标图形处理步骤8示意图

（9）步骤 9，选中字体，单击【文本选择】，选择【使文本适合路径】，如图 3-53 所示。

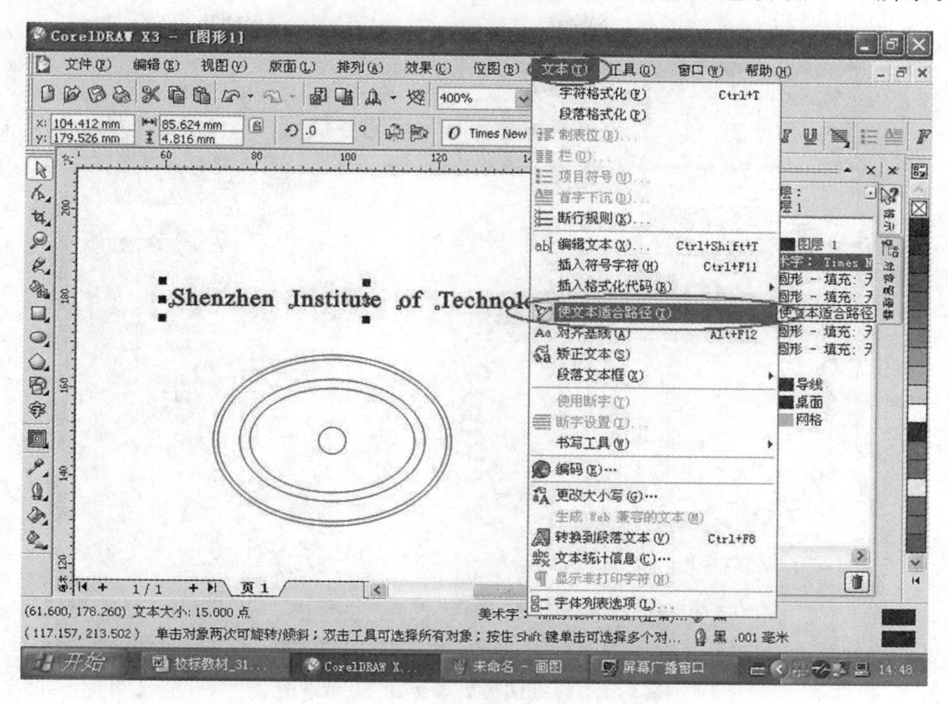

图 3-53　打标图形处理步骤 9 示意图

（10）步骤 10，将文本移到第三个椭圆的上方位置，如图 3-54 所示。

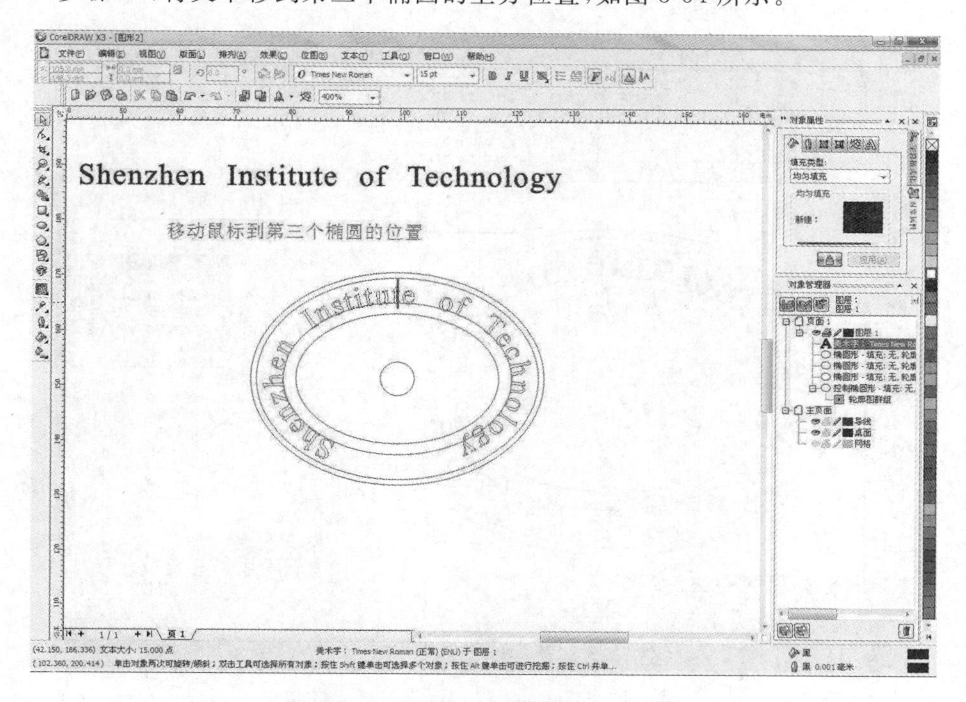

图 3-54　打标图形处理步骤 10 示意图

(11) 步骤 11,选择【文本】工具,输入【1985】,字体高度 13,注意空格,如图 3-55 所示。

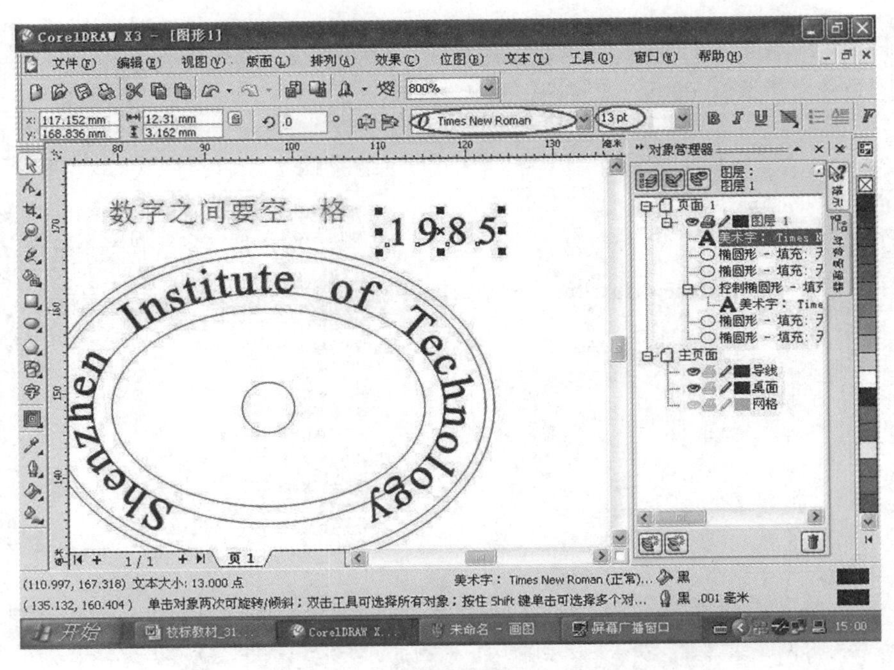

图 3-55 打标图形处理步骤 11 示意图

(12) 步骤 12,选中字体,单击【文本选择】,选择【使文本适合路径】,将文本移到第三个椭圆的下方位置,如图 3-56 所示。

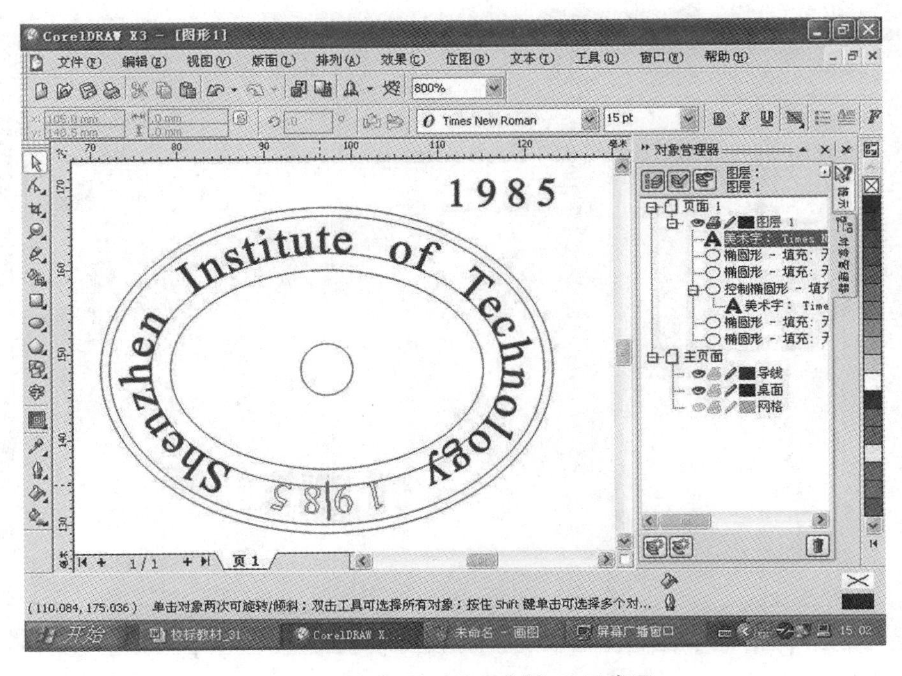

图 3-56 打标图形处理步骤 12 示意图

(13) 步骤13,在工具栏选择【镜像】,将文本移到第三个椭圆的下方合适位置,如图3-57所示。

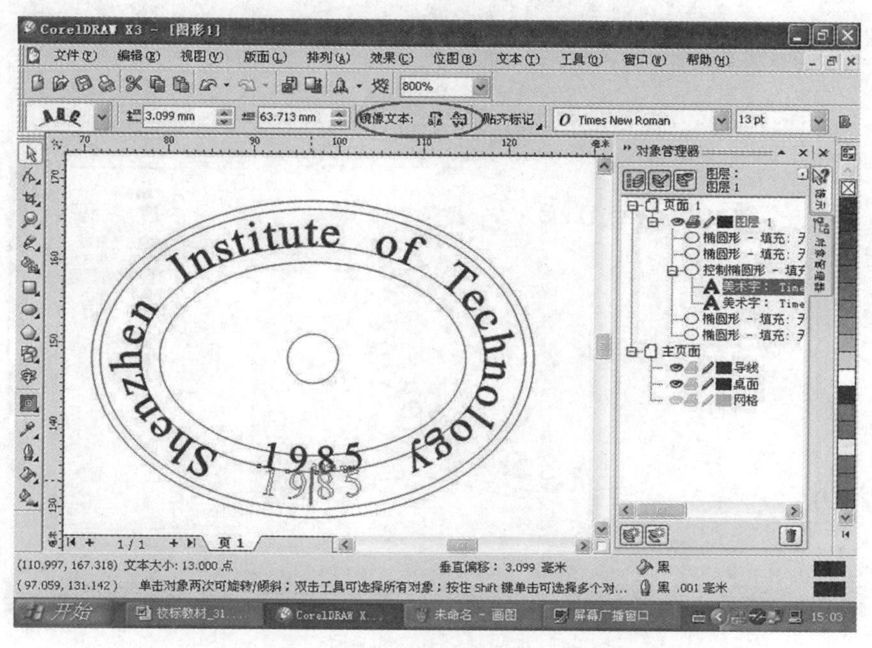

图 3-57 打标图形处理步骤13示意图

(14) 步骤14,选中文本,单击鼠标右键选择【转换为曲线】,将两个文本都转换为曲线,如图3-58所示。

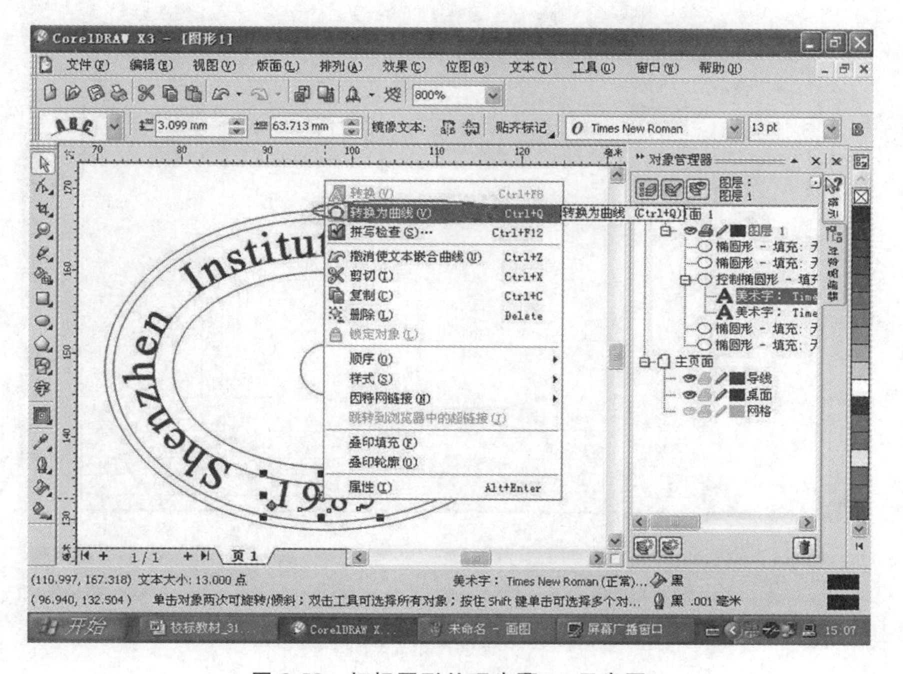

图 3-58 打标图形处理步骤14示意图

(15) 步骤 15,删除多余两个椭圆,如图 3-59 所示。

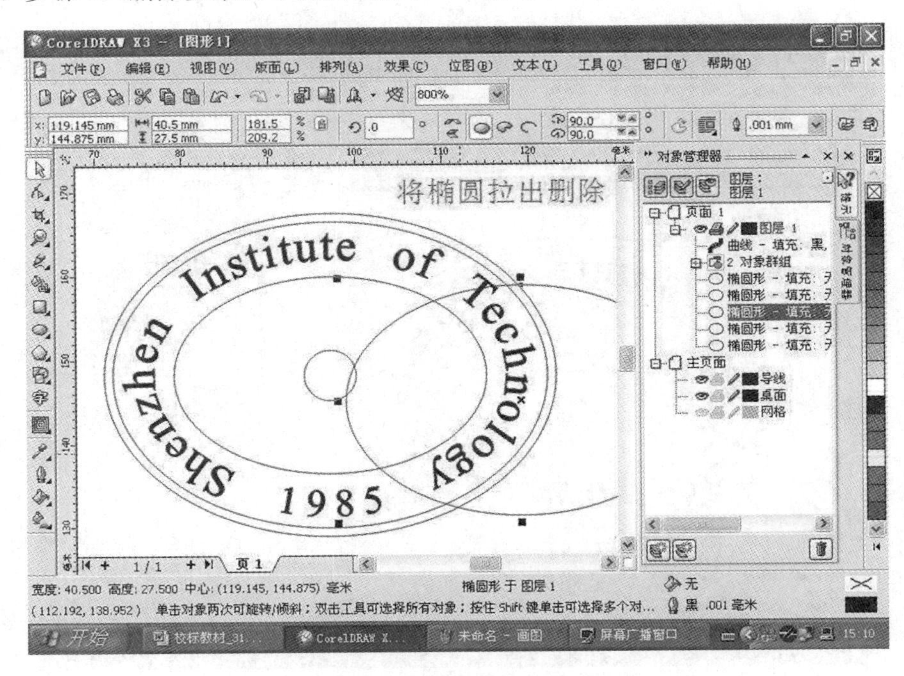

图 3-59 打标图形处理步骤 15 示意图

(16) 步骤 16,单击【文件】导入样图图形,如图 3-60 所示。

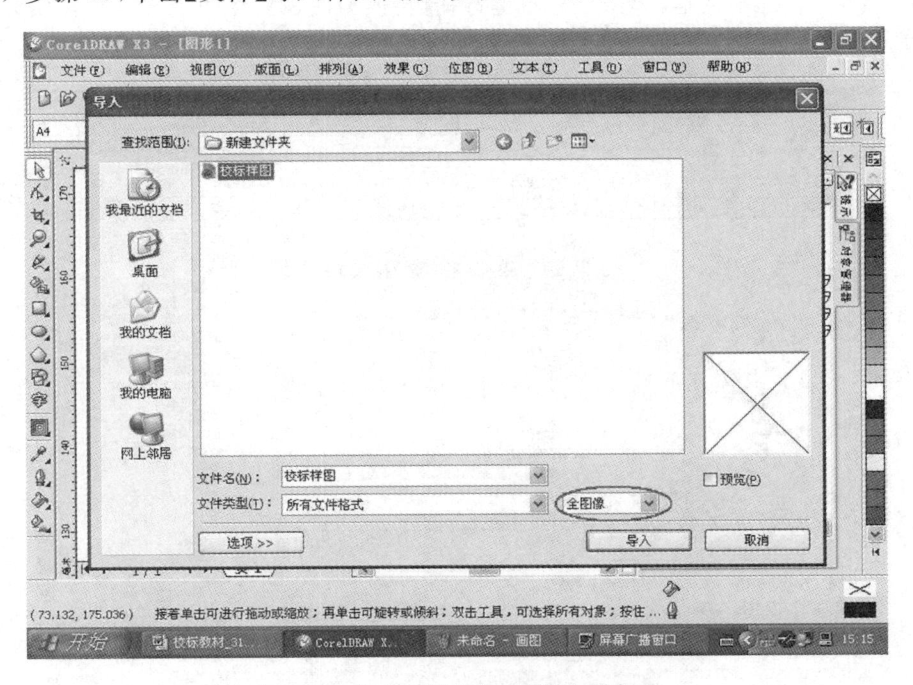

图 3-60 打标图形处理步骤 16 示意图

(17) 步骤 17,选中样图图形修改大小,尺寸 55×38.5,如图 3-61 所示。

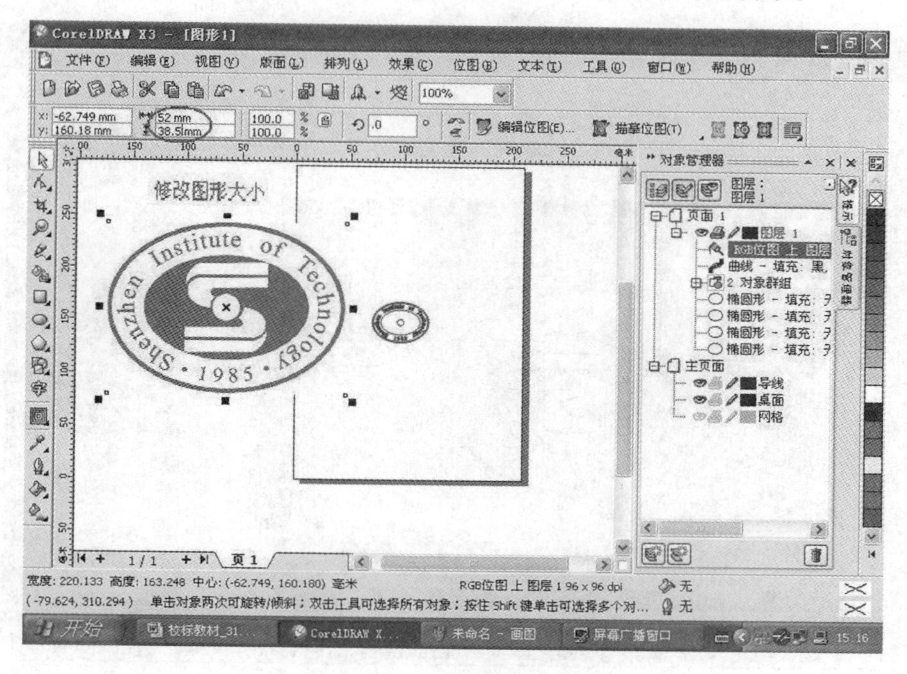

图 3-61 打标图形处理步骤 17 示意图

(18) 步骤 18,选中样图,单击鼠标右键选择【顺序】,单击【到图层后面】菜单,如图 3-62 所示。

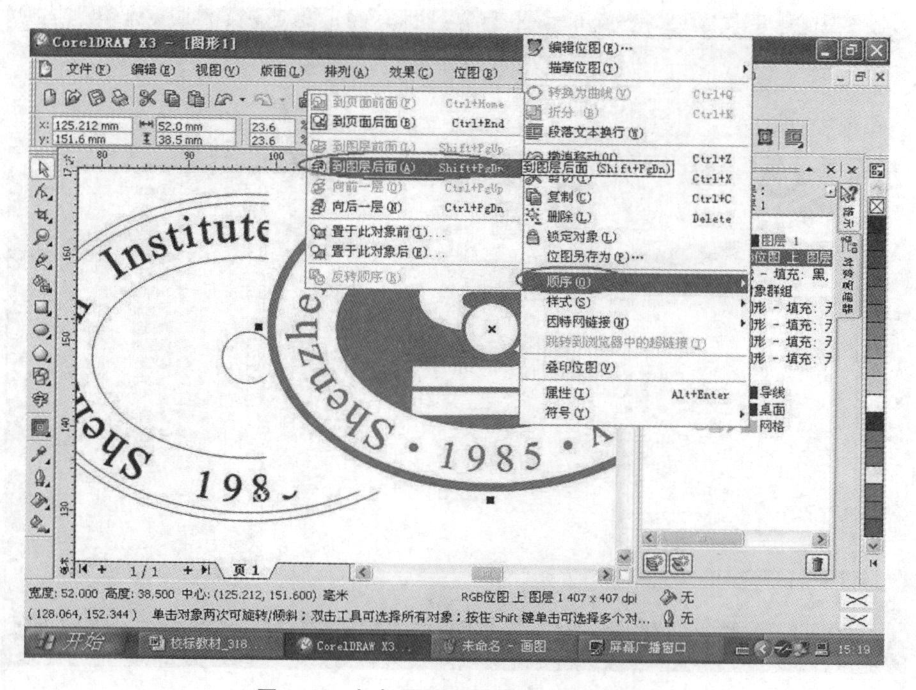

图 3-62 打标图形处理步骤 18 示意图

（19）步骤 19，选中样图中心拉动到椭圆中心，如图 3-63 所示。

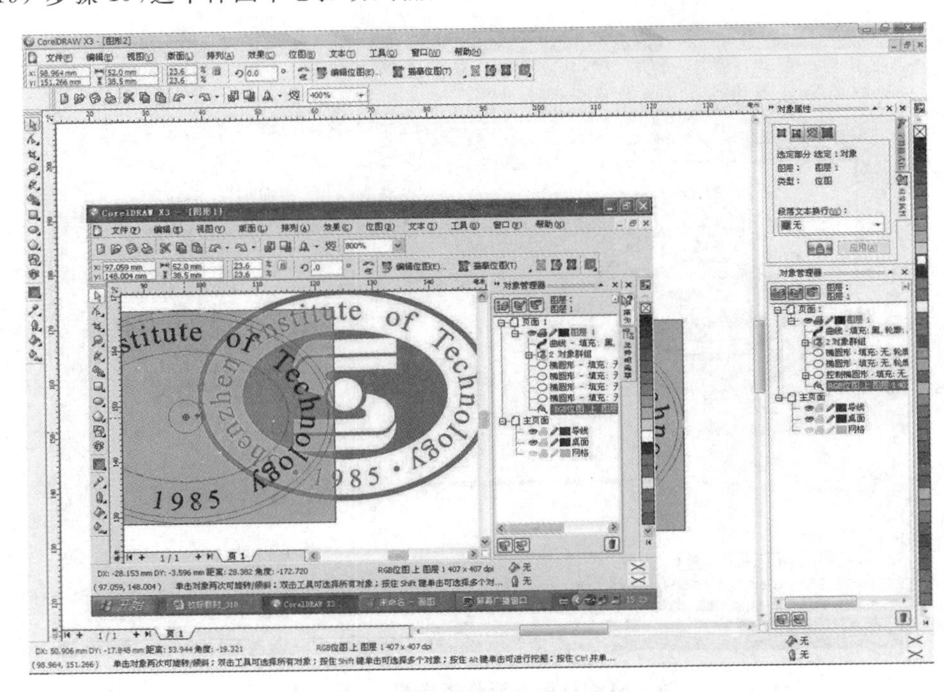

图 3-63 打标图形处理步骤 19 示意图

（20）步骤 20，画两个直径为 1 的标准圆并放置合适位置，如图 3-64 所示。

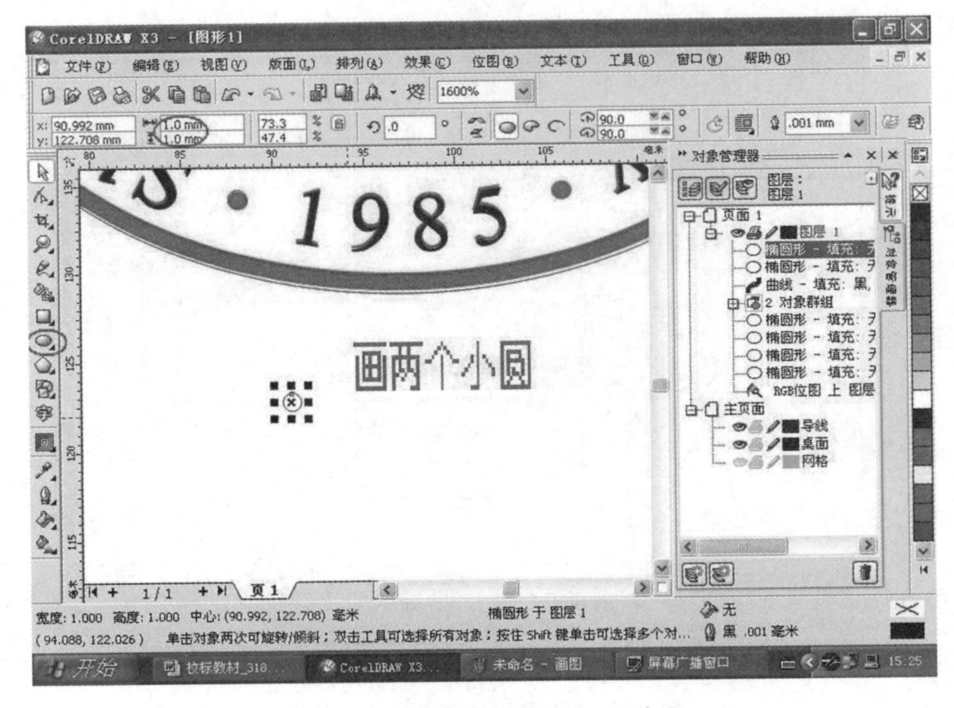

图 3-64 打标图形处理步骤 20 示意图

（21）步骤 21，新建图层，将样图中除 RGB 位图外的其他内容移到图层 2，如图 3-65 所示。

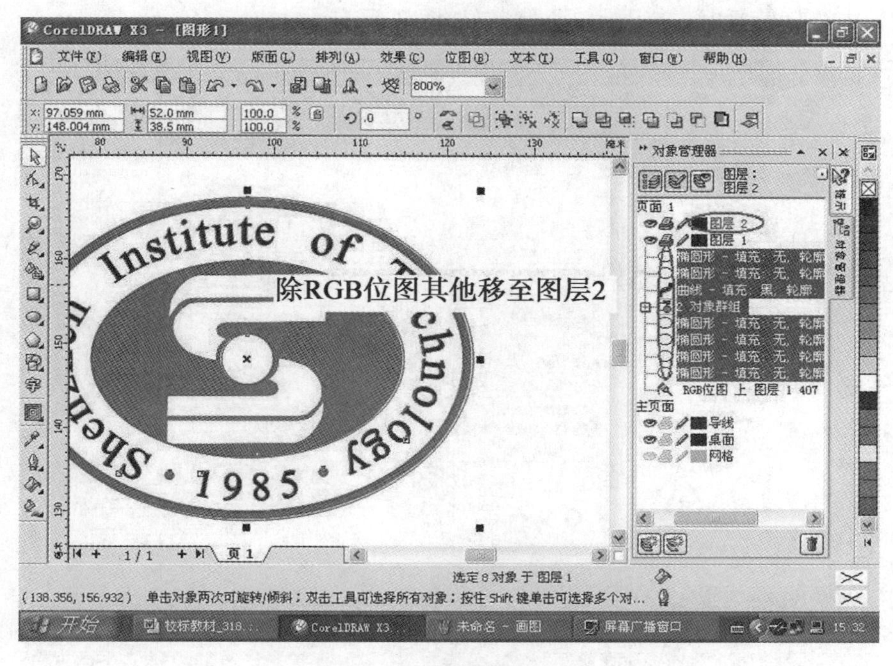

图 3-65　打标图形处理步骤 21 示意图

（22）步骤 22，锁定图层 1，在左边工具栏内选择【贝塞尔工具】绘图，如图 3-66 所示。

图 3-66　打标图形处理步骤 22 示意图

(23) 步骤23,在上方工具栏内依次选择【排列】→【变换】→【旋转】,选定图案中圆的中心将图形进行中心旋转复制,并记录中心位置,如图3-67所示。

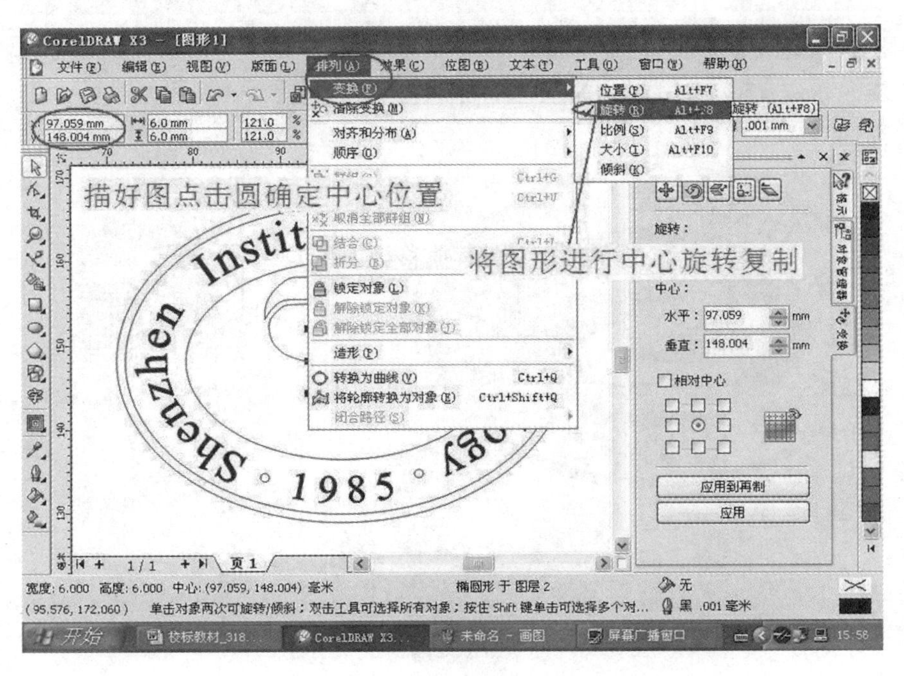

图3-67 打标图形处理步骤23示意图

(24) 步骤24,长按键盘【Shift】键,在右边窗口【中心】的【水平】和【垂直】选项中修改为选定数据,对已经描好的两个图形进行旋转复制,如图3-68所示。

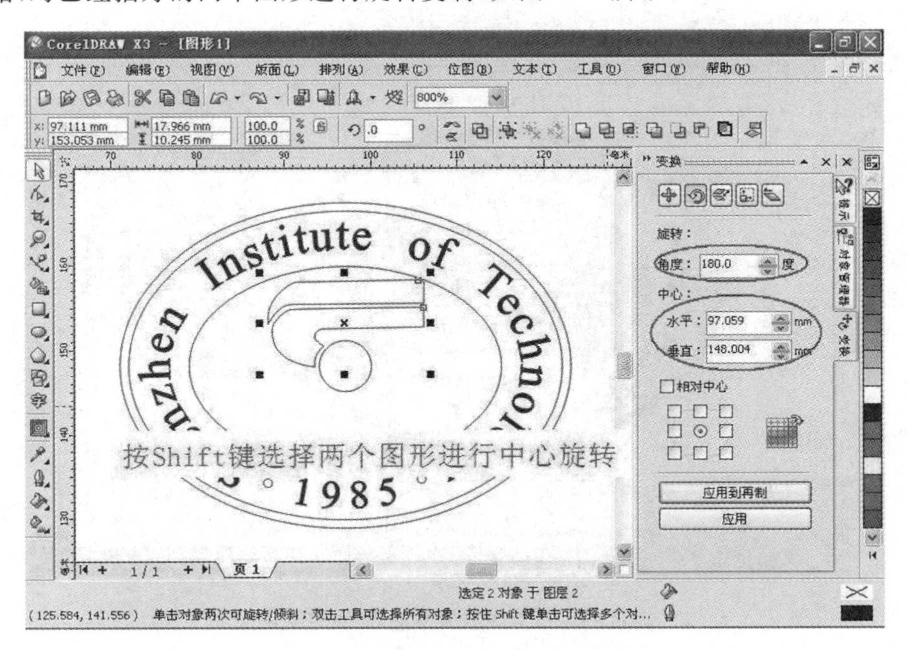

图3-68 打标图形处理步骤24示意图

(25) 步骤 25,在右边窗口单击外边框,拆分轮廓图群组,如图 3-69 所示。

图 3-69 打标图形处理步骤 25 示意图

(26) 步骤 26,进行布局修改后得到合格文件,如图 3-70 所示。

图 3-70 打标图形处理步骤 26 示意图

3.2.3 AutoCAD 2008 界面介绍与基本命令

AutoCAD 软件广泛用于工程绘图领域，在有精度要求的激光打标中也常常使用。

1. AutoCAD 2008 界面介绍

AutoCAD 2008 界面有标题栏、菜单栏、工具栏、绘图和修改工具栏、坐标系、布局标签、命令窗口等，如图 3-71 所示。

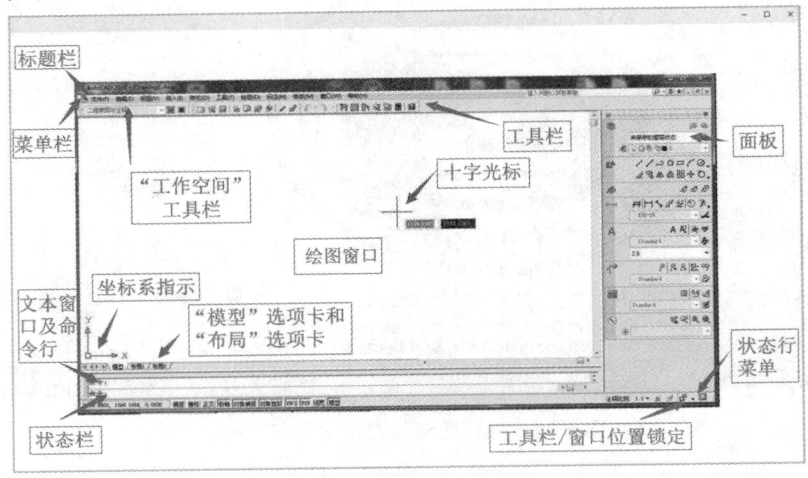

图 3-71 AutoCAD 2008 界面

2. 标题栏

标题栏位于应用程序窗口的最上面，用于显示当前正在运行的程序名 AutoCAD 2008 及文件名。单击标题栏右端的按钮，可以最小化、最大化或关闭程序窗口。

3. 菜单栏

AutoCAD 2008 的菜单栏由【文件】、【编辑】、【视图】等菜单项组成。单击主菜单项，可弹出相应的子菜单（又称下拉菜单），如图 3-72 所示。

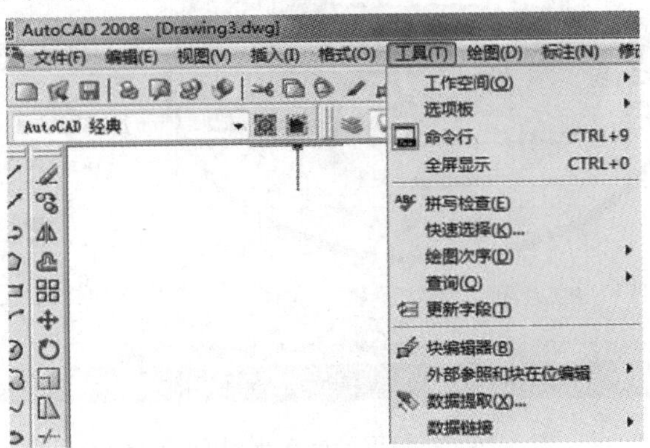

图 3-72 菜单栏

4. 工具栏

AutoCAD 2008 工具栏几乎包括了 AutoCAD 中所有的命令。

初始界面上有四条工具栏，依次是【标准】、【绘图】、【修改】和【绘图次序】工具栏。此外还有【样式】、【工作空间】、【图层】、【特性系统】等 30 多个工具栏。

界面上没有的工具栏，可以通过以下两种方法加以调用。

(1) 选择【视图】→【工具栏】选项，弹出【自定义用户界面】对话框，单击【工具栏】文件夹，打开所有工具栏进行选取。

(2) 在任意工具栏内单击右键，打开快捷菜单进行勾选。

5. 绘图区

绘图区是用户绘图的工作区域，如图 3-73 所示。

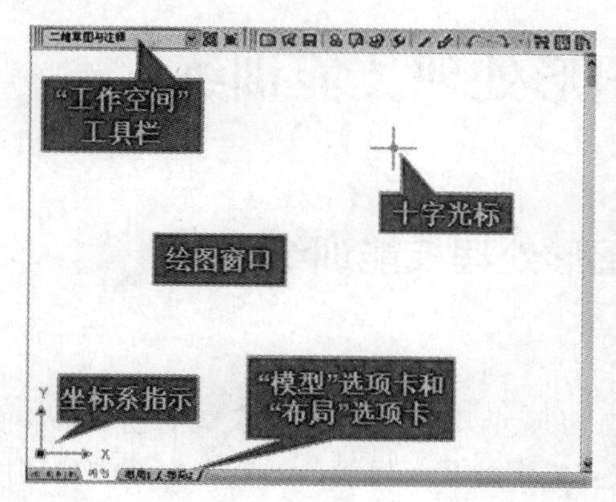

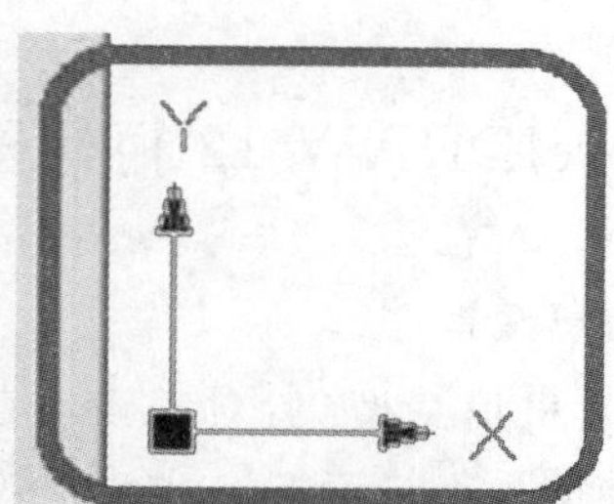

图 3-73 绘图区域

除图形外，在绘图窗口还显示了当前使用的坐标系图标，它反映了当前坐标系的原点和 X、Y、Z 轴正向，其中 X 轴是水平方向，负数为左、正数为右；Y 轴是垂直方向，负数为下、正数为上；Z 轴垂直于 XY 平面方向。

在绘图区下方，单击"模型"或"布局"选项卡，可以在模型空间或图纸空间之间切换。

通常情况下，用户总是先在模型空间中绘制图形，绘图结束后再转至图纸空间，以便安排图纸输出布局并输出图形。

6. 命令行与文本窗口

命令行是供用户通过键盘输入命令及参数的地方，它位于图形窗口的下方，可通过鼠标拖动上边界线来放大或缩小它，如图 3-74 所示。

图 3-74 命令行

文本窗口是记录曾经执行的 AutoCAD 命令的窗口，它是放大的命令行窗口，可通过【F2】键打开。

7. 状态栏

状态栏位于用户界面的最下面，主要用于显示当前光标的位置，并包含了一组捕捉、栅格、正交、极轴、对象捕捉、对象追踪等开关，如图 3-75 所示。

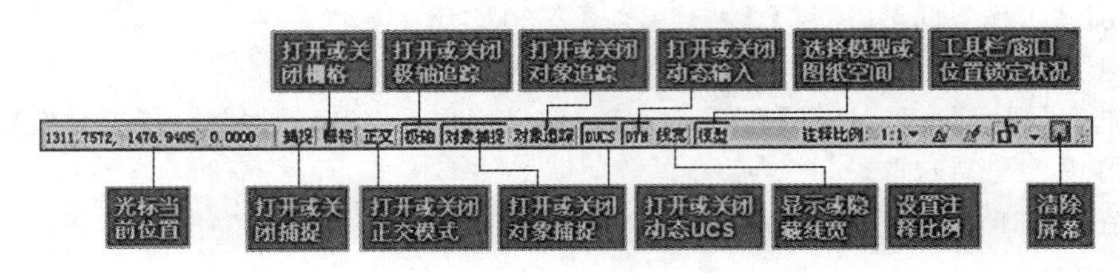

图 3-75 状态栏

3.3 打标图形处理技能训练

3.3.1 CorelDRAW 12 打标图形处理技能训练

1. 图形信息搜集

(1) 图案素材信息搜集：对于没有确切尺寸及严格位置要求的打标产品，使用 CorelDRAW 软件作图更加快速方便，图 3-76(a)所示的是一根筷子的四个表面的位图图案。

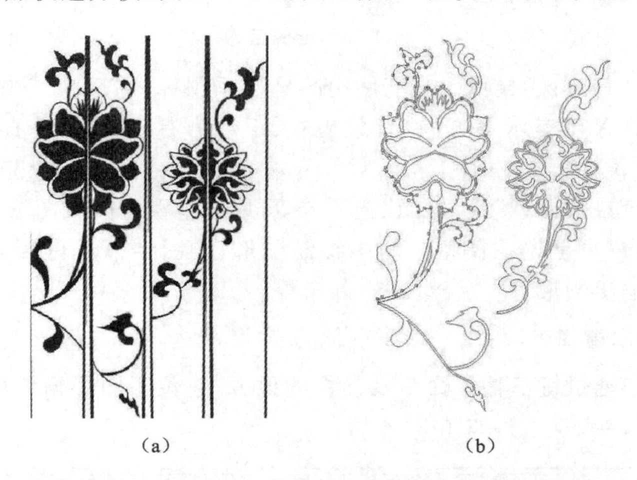

图 3-76 CorelDRAW 软件处理位图和矢量图结果对比

(2) 图形处理过程：在 CorelDRAW 12 中用第 3.2 节介绍的描绘方法将位图格式素材转换成矢量图，并用 PLT 格式导出，如图 3-76(b)所示。

(3) 在金橙子软件中单击【输入矢量文件】(或其他打标软件的相关路径)，选择保存好的 PLT 文件导入。

2. 制订 CorelDRAW 12 打标图形处理工作计划

制订 CorelDRAW 12 打标图形处理工作计划，填写表 3-1。

表 3-1 CorelDRAW 12 打标图形处理工作计划表

序号	工作流程	主要工作内容	
1	任务准备	素材准备	
		设备准备	
		软件准备	
		资料准备	
2	制订 CorelDRAW 12 处理打标图形工作计划	1	
		2	
		3	
		4	
3	注意事项		

3. CorelDRAW 12 打标图形处理实战技能训练

（1）完成 CorelDRAW 12 打标图形处理过程，填写工作记录表 3-2。

表 3-2 CorelDRAW 12 打标图形处理工作记录表

绘图步骤	工作内容	工作记录
位图导入	将位图位置导入 Coreldraw 12 中	
准备工作	将描绘线条设为 0.001 mm	
	将描绘线条选择与位图有明显色差的颜色	
	设置快捷键	
描绘矢量图	选择贝塞尔曲线	
	在位图上选点，描绘基础线条	
	用形状工具修改线条	
	描绘完成，检查节点链接	
描绘图后导出	选出所描绘的矢量图并放大 10 倍尺寸	
	导出，并以 PLT 格式保存至计算机	

（2）进行 CorelDRAW 12 打标图形处理训练过程评估，填写表 3-3。

表 3-3 CorelDRAW 12 打标图形处理过程评估表

工作环节	主要内容	配分	得分
图形处理 40 分	图形格式正确	5	
	图形尺寸准确	5	
	图形精度正确	10	
	矢量图与原位图贴合一致	10	
	节点尽可能少	5	
	图形线条闭合	5	

续表

工作环节	主 要 内 容	配分	得分
软件熟练程度 20 分	常用命令操作熟练	5	
	异常情况自己独立解决	5	
	一次操作成功无误	5	
	目标明确、清晰、积极性高	5	
技能评估 30 分	在规定时间内完成展开图处理任务	10	
	在规定时间内完成窗户图案处理任务	10	
	在规定时间内完成礼品盒图案合并任务	10	
现场规范 10 分	人员安全规范	5	
	设备场地安全规范	5	
合计		100	
(1) 注重安全意识，严守设备操作规程，不发生各类安全事故。 (2) 注重成本意识，保证设备完好无损，尽可能节约训练耗材。			

3.3.2 AutoCAD 2008 软件打标图形处理技能训练

1. 图形信息搜集

(1) 图案素材信息搜集：对于有准确尺寸及位置要求的打标产品，使用 CAD 软件作图更加准确方便，如图 3-77(a)所示的圆盘刻度盘打标，要求较高的圆周分度精度，它的示意图如图 3-77(b)所示。

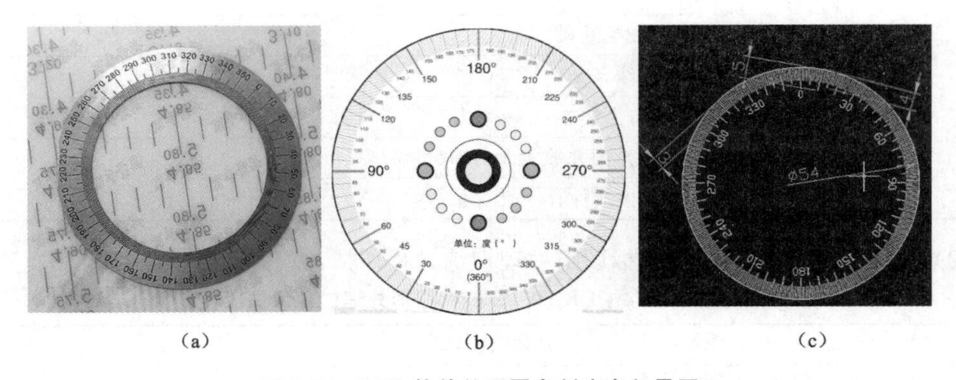

(a) (b) (c)

图 3-77 CAD 软件处理圆盘刻度盘矢量图

(2) 图形处理过程：在 AutoCAD 2008 中用第 3.2 节介绍的描绘方法直接作出矢量图，并用 DXF 格式导出，如图 3-77(c)所示。

(3) 在金橙子软件中单击【输入矢量文件】(或其他打标软件的相关路径)，选择保存好的 DXF 文件导入。

2. 制订 AutoCAD 2008 打标图形处理工作计划

制订 AutoCAD 2008 打标图形处理工作计划，填写表 3-4。

表 3-4 AutoCAD 2008 打标图形处理工作计划表

序号	工作流程	主要工作内容	
1	任务准备	素材准备	
		设备准备	
		软件准备	
		资料准备	
2	制订 AutoCAD 2008 处理打标图形工作计划	1	
		2	
		3	
		4	
3	注意事项		

3. AutoCAD 2008 打标图形处理实战技能训练

(1) 完成 AutoCAD 2008 打标图形处理过程，填写工作记录表 3-5。

表 3-5 AutoCAD 2008 打标图形处理工作记录表

绘图步骤	工作内容	工作记录
刻度盘线条绘制	计算刻度盘各线条间距尺寸	
	计算刻度盘刻度旋转角度	
	绘制刻度盘刻度及字标	
字体绘制	选取字体、文字大小	
	输入文字内容	
	调节文字位置	
文件保存	将绘制好的文件保存为 DXF 格式	

(2) 进行 AutoCAD 2008 打标图形处理训练过程评估，填写表 3-6。

表 3-6 AutoCAD 2008 打标图形处理过程评估表

工作环节	主要内容	配分	得分
图形处理 40 分	图形格式正确	10	
	图形尺寸准确	20	
	图形精度正确	10	
软件熟练程度 20 分	常用命令操作熟练	10	
	独立解决常见问题	10	

续表

工作环节	主要内容	配分	得分
技能评估 30分	在规定时间内完成图形处理任务	10	
	在规定时间内完成文字输入任务	10	
	在规定时间内完成文件保存任务	10	
现场规范 10分	人员安全规范	5	
	设备场地安全规范	5	
合计		100	
(1) 注重安全意识,严守设备操作规程,不发生各类安全事故。 (2) 注重成本意识,保证设备完好无损,尽可能节约训练耗材。			

4

激光打标软件知识与技能训练

4.1 激光打标软件基础知识与技能训练

4.1.1 激光打标软件基础知识

1. 激光打标软件概述

1）激光打标软件功能概述

（1）激光器控制功能，如支持 Nd：YAG、CO_2、光纤（IPG、SPI）等各类激光器控制功能。

（2）振镜畸变校正补偿功能。

（3）文字、图案处理功能，如文字编辑、绘图、描图、位图与矢量图转化等功能。

（4）扩展功能，如二维码、跳号、条码、旋转及飞行打标等功能。

（5）红光预览功能。

2）激光打标软件种类概述

激光打标机上使用的软件由各主流厂商自主开发，主要有如下几类。

（1）北京金橙子打标软件 EzCad：金橙子打标软件制图功能强大，功能齐全，受到众多小型激光打标设备制造商欢迎；软件的主要不足是软件二次开发的选项还不够丰富，甚至有些板卡没有开发功能。

（2）台湾庆钰软件：台湾庆钰软件二次开发选项多一些，如大图分割与拼接功能、功率输出补偿、双头打标功能等，但使用者相对于第一种较少。

（3）SAMLight 软件：SAMLight 软件是由德国 SCAPS 公司研发的高性能激光控制卡软件，二次开发选项众多。

2. EzCad 界面基本功能介绍

打标软件正确安装结束后，就可以进入打标软件主界面，如图 4-1 所示，其基本功能解释如下。

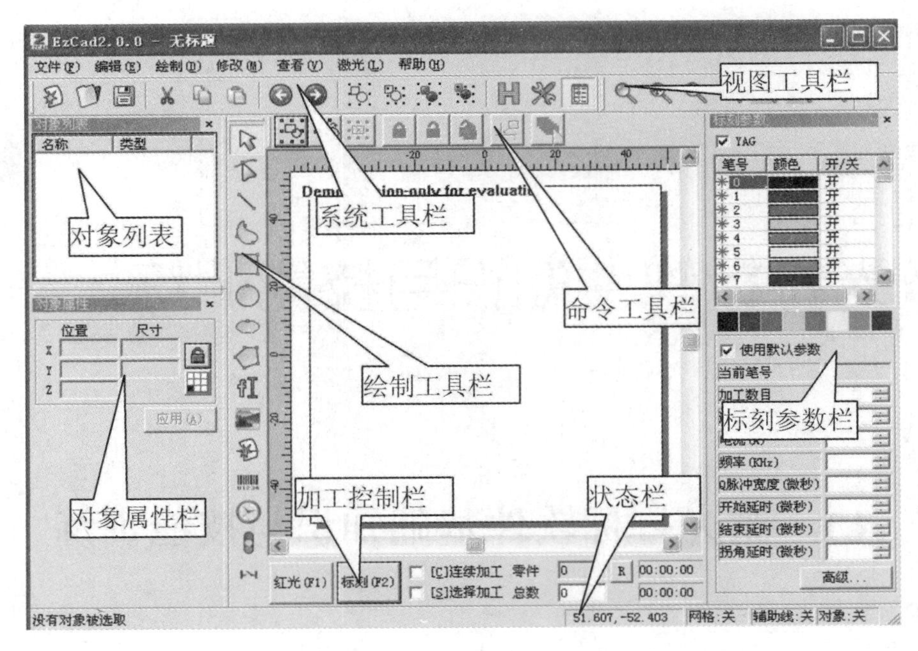

图 4-1　EzCad 2.0.0 主界面

1）对象列表

EzCad 主界面左上边是对象列表，加工时系统会按顺序执行列表中的对象。用户可以在列表中选择对象直接拖动排列顺序，也可以双击对象列表中的对象名称来给对象重新命名，如图 4-2 所示。

EzCad 左下边是对象属性栏，如图 4-3 所示。

图 4-2　对象列表

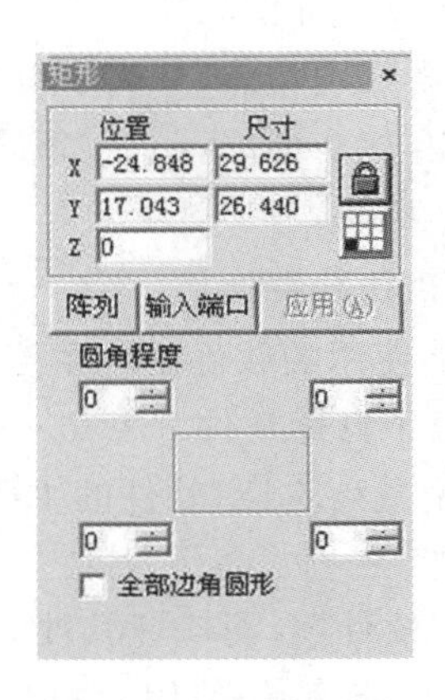

图 4-3　对象属性栏

（1）位置 X 表示当前被选择对象的左下角 X 坐标，位置 Y 表示当前被选择对象的左下角 Y 坐标，位置 Z 表示当前被选择对象的 Z 坐标。尺寸 X 表示当前被选择对象的宽度，尺寸 Y 表示当前被选择对象的高度。

（2）🔒表示锁定当前长宽比。如果用户更改 X、Y 尺寸，系统则保证新尺寸的长宽比不变。

(3) 表示坐标信息，位置 X、位置 Y 对应于对象哪一点的坐标。用户单击此按钮后弹出对话框，要求用户选择位置坐标的基准。

(4) 阵列 表示复制当前对象到指定位置，如图 4-4 所示。

对象属性栏：表示阵列方向为横排优先，表示阵列方向为竖排优先，表示阵列为单方向阵列，表示阵列为双方向阵列。

增量指用户指定的行间距和列间距。

图 4-5 所示的是阵列数目 X＝3、Y＝2 时的对象情况，图 4-6 所示的是阵列数目 X＝2、Y＝3时的对象情况。

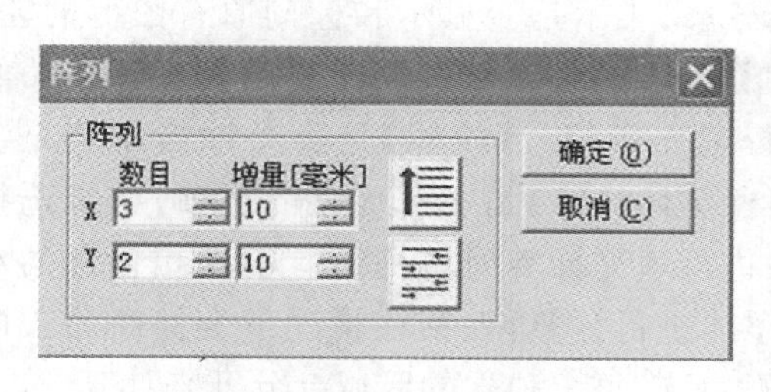

图 4-4 阵列示意图

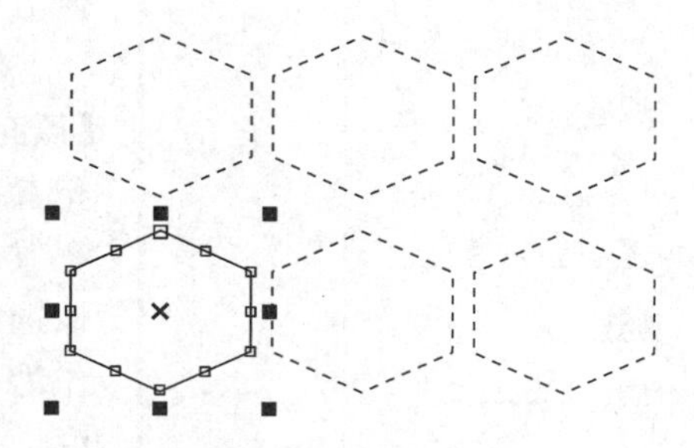

图 4-5 X＝3、Y＝2 阵列

(5) 输入端口：单击输入端口显示图 4-7 所示的界面。IO 控制条件表示当加工到当前对象时，系统先读输入口，比较当前输入口的值是否与当前 IO 控制条件的值相等。如果相等，则加工当前对象；如果不相等，则不加工当前对象，跳过当前对象加工下一个对象。

灰色表示不能选取，该口在控制卡上没有开放。表示端口输入为高电平，表示端口输入为低电平，表示端口输入为无效。

2) 系统工具栏

(1)【编辑】：编辑菜单实现图形的编辑操作，如图 4-8 所示。

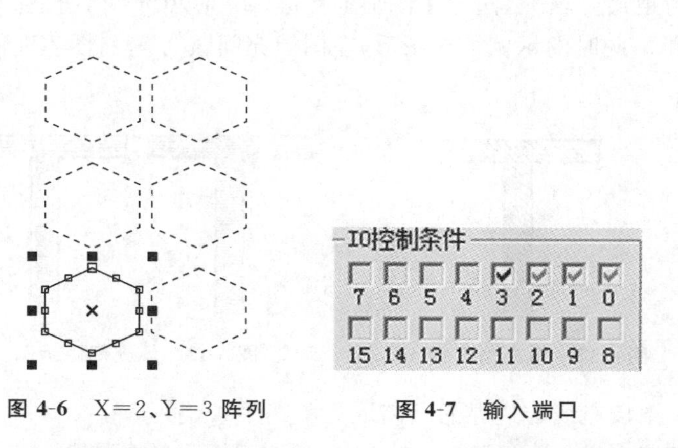

图 4-6 X＝2、Y＝3 阵列　　图 4-7 输入端口　　图 4-8 编辑菜单

(2)【填充】：填充菜单对指定的图形进行填充操作，被填充图形必须是闭合的曲线。

如果选择了多个对象进行填充，这些对象可以互相嵌套，或者互不相干，但任何两个对象不能有相交部分。如图 4-9 所示，左图可以填充，右图两个矩形相交，填充结果可能不是所

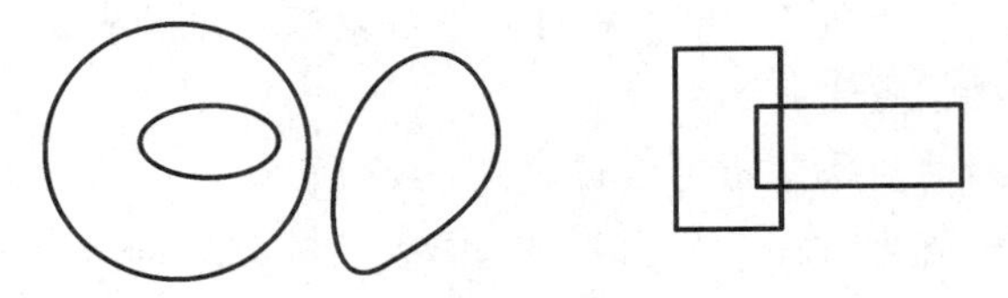

图 4-9 填充对象示意图

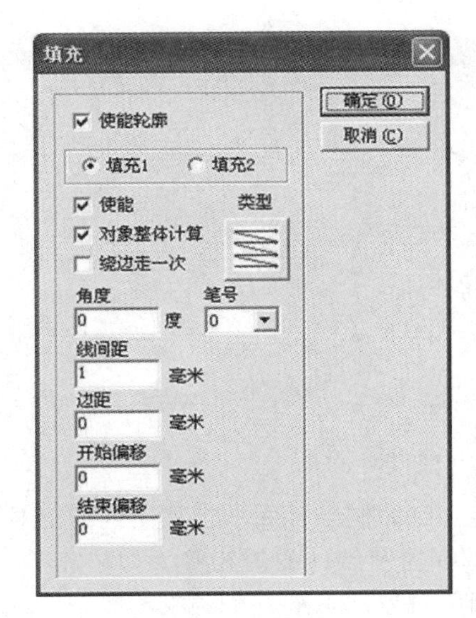

图 4-10 【填充】对话框

预期的结果。

【填充】菜单对应的工具栏图标为▣，选择填充后将弹出如图 4-10 所示的【填充】对话框。

【使能轮廓】表示是否显示和标刻原有图形的轮廓，【填充 1】和【填充 2】是指可以同时有两套互不相关的填充参数进行填充运算。【使能】是否允许当前填充参数有效。【对象整体计算】是一个优化的选项，如果选择了该选项，在进行填充计算时将把所有不互相包含的对象作为一个整体进行计算，在某些情况下会提高加工的速度。如果不勾选，每个独立的区域会分开来计算。

填充【类型】：▣表示【单向填充】，填充线总是从左向右进行填充；▣表示【双向填充】，填充线先是从左向右进行填充，然后从右向左进行填充；▣表示【环形填充】，填充线是对象轮廓由外向里循环偏移填充。

【绕边走一次】指在填充计算完后绕填充线外围增加一个轮廓图形。图 4-11 所示的为绕边一次的填充图形示例，左图为没有绕边一次的填充图形，右图为绕边一次的填充图形。

填充【角度】指填充线与 X 轴的夹角，图 4-12 为填充角度为 45°的填充图形。填充【线间距】指填充线相邻的线与线之间的距离。填充【边距】指所有填充计算时填充线与轮廓对象的距离，图 4-13 所示的是填充边距不同时的示例填充图形，左图填充间距为 0，右图填充间距为 0.5。

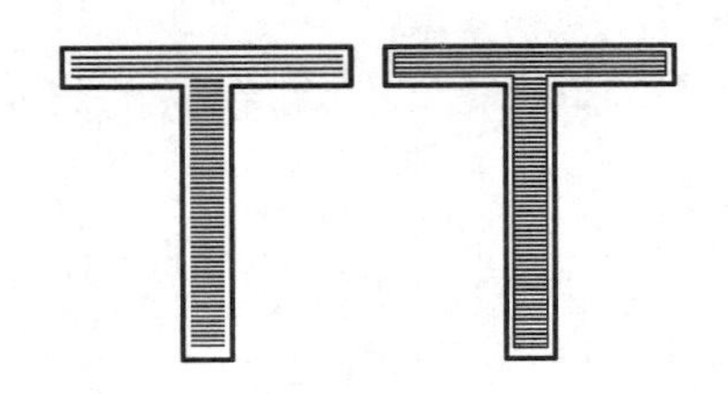

图 4-11 绕边一次填充图形示例

图 4-12 填充角度为 45°

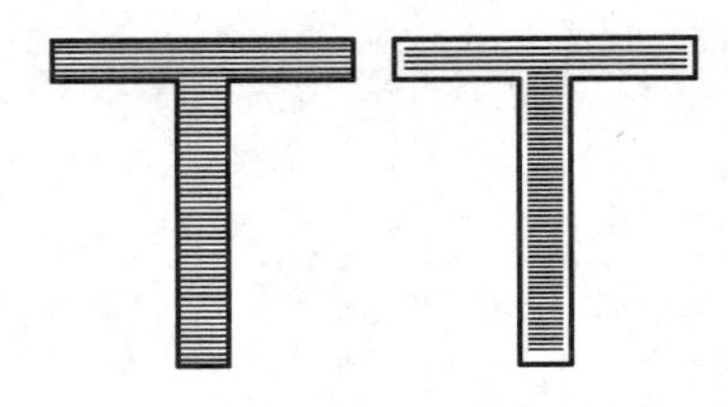

图 4-13 填充间距示例

填充【开始偏移】距离：指第一条填充线与边界的距离。

【结束偏移】距离：指最后一条填充线与边界的距离。

3）绘制菜单及工具栏

绘制菜单用来绘制常用的图形，包括点、直线、曲线、多边形等。

该菜单有对应工具栏，所有的操作都可以使用该工具栏上的按钮来进行，如图 4-14 所示。当选择了相应的绘制命令或工具栏按钮后，工作空间上方的工具栏（当前命令工具栏）会随之相应地改变，显示当前命令对应的一些选项。

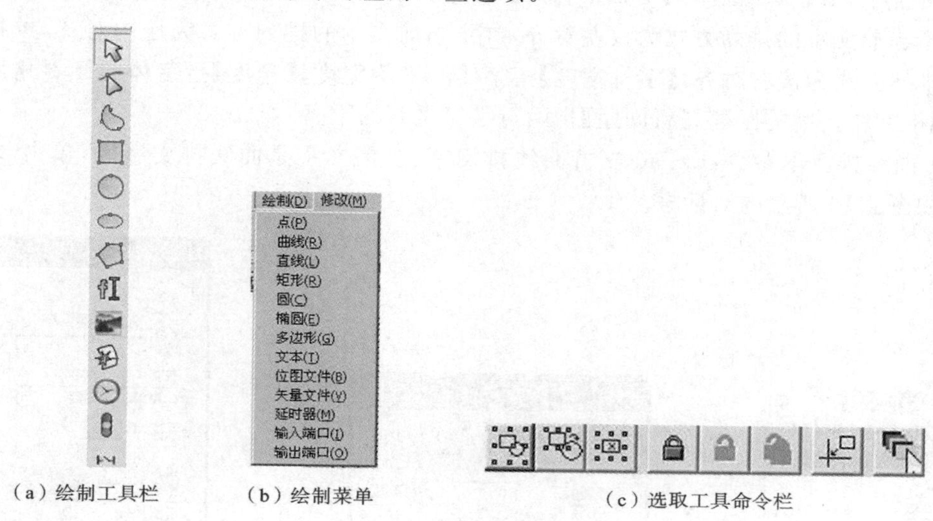

（a）绘制工具栏　（b）绘制菜单　（c）选取工具命令栏

图 4-14　绘制菜单

（1）【文本】：EzCad 软件支持在工作空间内直接输入文字，文字的字体包括有系统安装的所有字体，以及 EzCad 自带的多种字体。

如果要输入文字，在绘制菜单中选择【文本】命令或者单击图标。

（2）文字字体参数：在绘制文本命令下，按下鼠标左键即可创建文字对象。

选择【文本】后在属性工具栏会显示如图 4-15 所示的文本属性，可以在文本编辑框里直接修改所输入的文字。

EzCad 支持四种类型的字体，选择字体类型后列表会相应列出当前类型的所有字体，图 4-16

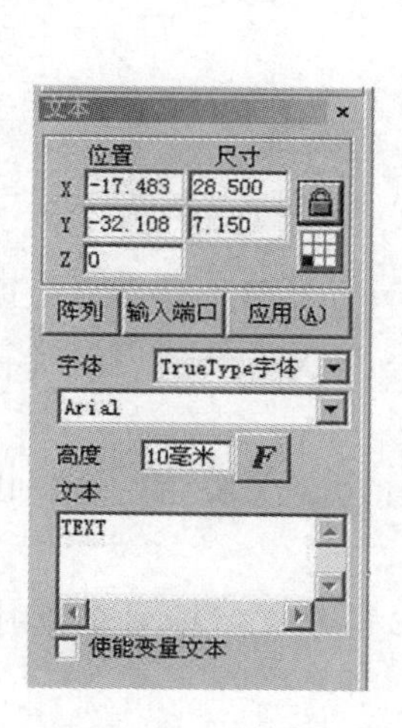

图 4-15　文本属性

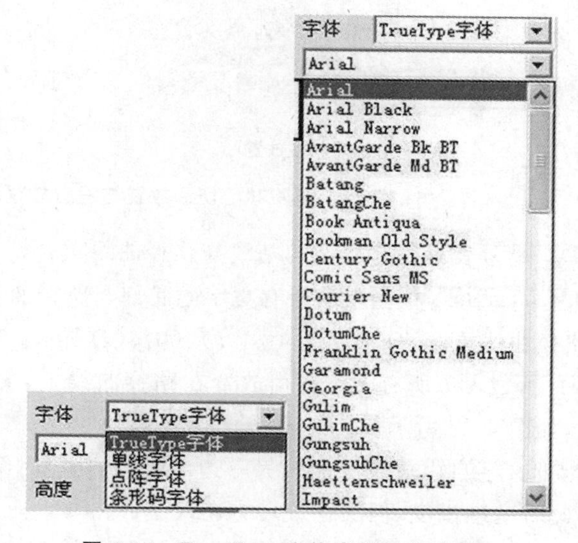

图 4-16　TrueType 字体类型与字体列表

为 TrueType 字体类型与字体列表，图 4-17 为条形码字体列表。【高度】指字体的平均高度。

单击 F 后系统弹出【字体】对话框，如图 4-18 所示。

指当前文本的排列方式为按左对齐，指当前文本的排列方式为居中对齐，指当前文本的排列方式为按右对齐，【字符宽度】指字体的平均宽度，【角度】指字体的倾斜角度，【字符间距】指字符之间的距离，【行间距】指两行字符之间的距离。

(3) 曲线排文本参数：EzCad 支持曲线排文字，当前文字是曲线排文字时，单击后系统弹出如图 4-19 所示的对话框。

图 4-17 条形码字体列表

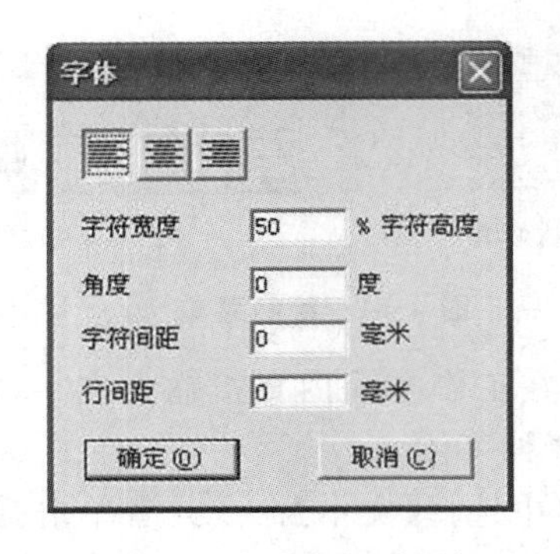

图 4-18 字体参数对话框

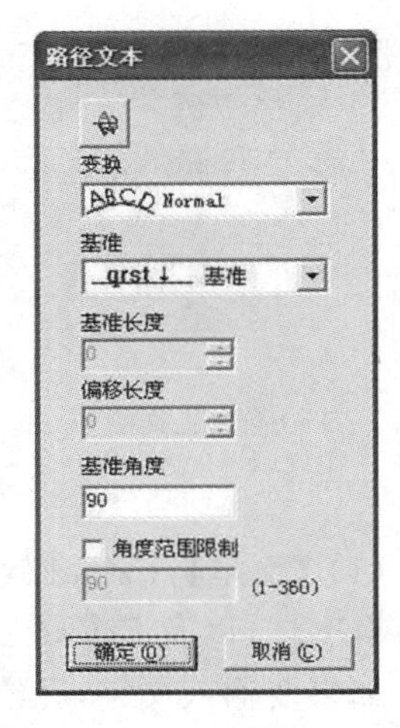

图 4-19 曲线排文字参数对话框

ABCD 正常 表示文字总是平行于曲线的切线放置。ABCD 投影 表示文字总是垂直放置，如图 4-20(a)、(b)所示。

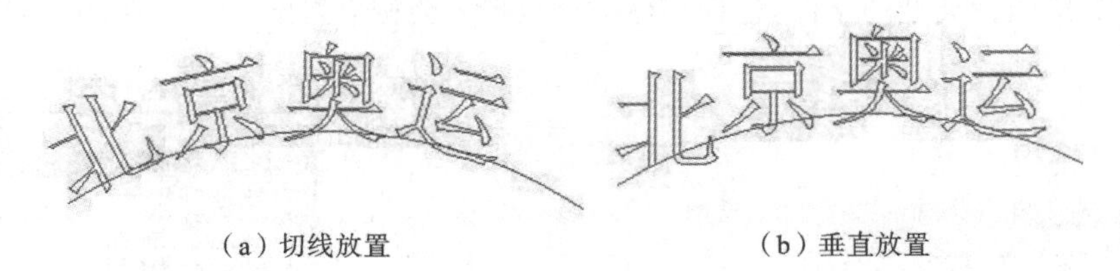

(a) 切线放置　　(b) 垂直放置

图 4-20 切线放置与垂直放置示意图

qrst↓ 基线 表示所有文字的基线与路径曲线重合，qrst↑ 顶部 表示所有文字的顶部与路径曲线重合，qrst↓ 底部 表示所有文字的底部与路径曲线重合，qrst‡ 中部 表示所有文字的中线与路径曲线重合，分别如图 4-21(a)、(b)、(c)所示。

qrst↕ 自由 表示所有文字自由放置在路径曲线上，文字的位置由【基准长度】和【偏移长度】决定，如图 4-22 所示。

指把文字自由放置在曲线另一边，使用此功能时图 4-22 所示文字排列变为图 4-23 所示排列，此时基准没变，但文字旋转方向改变。

【基准角度】和【角度范围限制】是文字放置在圆上时才有的参数。

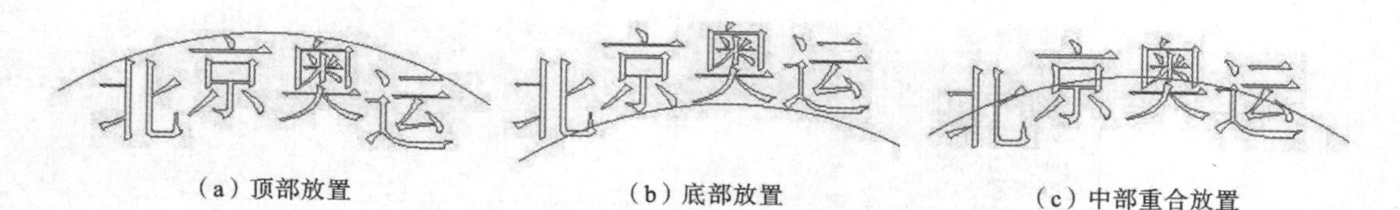

（a）顶部放置　　（b）底部放置　　（c）中部重合放置

图 4-21　顶部、底部、中部重合放置示意图

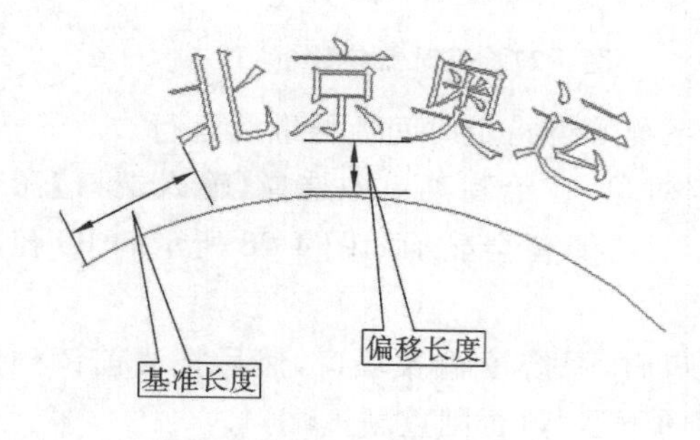

图 4-22　自由放置示意图

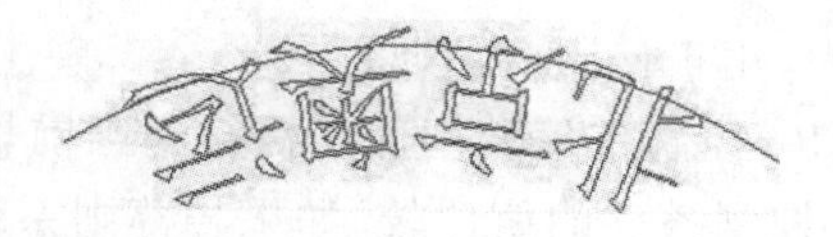

图 4-23　把文字放置在路径曲线另一边

【基准角度】指文字对齐的基准。【角度范围限制】如果使用此功能，无论输入多少文字，系统都会把文字压缩在限制的角度之内，如图 4-24 所示。

（4）矢量文件：如果要输入矢量文件，在绘制菜单中选择【矢量文件】命令或者单击图标，此时系统弹出如图 4-25 所示的对话框，用户选择要输入的矢量文件。

图 4-24　限制角度为 45°的不同文字对比

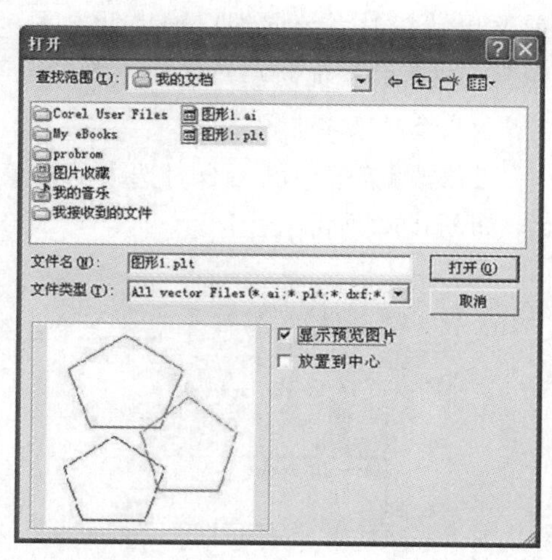

图 4-25　矢量文件输入对话框

系统支持的位图格式有.PLT、.DXF、.AI、.DST 四个大类，用户输入位图后，属性工具栏显示如图 4-26 所示的位图参数。

输入矢量图形时软件会自动区分出矢量图形中颜色种类（用 CorelDRAW、AutoCAD 等绘图软件指定笔画的颜色），用户可以按颜色或笔号选择对象设置不同的打标参数。

（5）延时器：如果要输入延时器控制对象，在绘制菜单中选择【延时器】命令或者单击图标。选择延时器后，在属性工具栏会显示如图 4-27 所示的延时器属性。

图 4-26 矢量文件参数图

图 4-27 延时器参数

【等待时间】:当加工执行到当前延时器时,系统等待指定时间后再继续运行。

(6) 设置输入端口:如果要在输入端口控制对象,在绘制菜单中选择【输入端口】命令或者单击图标。选择输入端口控制对象后,在属性工具栏会显示如图 4-28 所示的 IO 控制条件界面,用于控制对象属性。

【IO 控制条件】:当加工执行到当前输入端口时,系统读输入端口,然后把当前读到的值与 IO 控制条件的值比较,如果相等则系统继续向下运行,否则重新读端口。

【提示消息】:在系统循环读端口、等待端口值与 IO 控制条件相等时显示的提示信息。

(7) 设置输出端口:如果要输入输出端口控制对象,在绘制菜单中选择【输出端口】命令或者单击图标。选择输出端口控制对象后,在属性工具栏会显示如图 4-29 所示的设置输出端口界面,用于控制对象属性。

表示当加工执行到当前输出端口时系统向端口输出高电平,表示当加工执行到当前输出端口时系统向端口输出低电平,表示系统向端口输出为一固定电平,输出后就不再恢复,表示系统向端口输出一脉冲电平,输出指定时间后恢复为原来的电平。

4) 修改菜单

【修改】菜单中的命令对选中的对象进行修改操作,包括变换、造形、曲线编辑、对齐等操作,如图 4-30 所示。

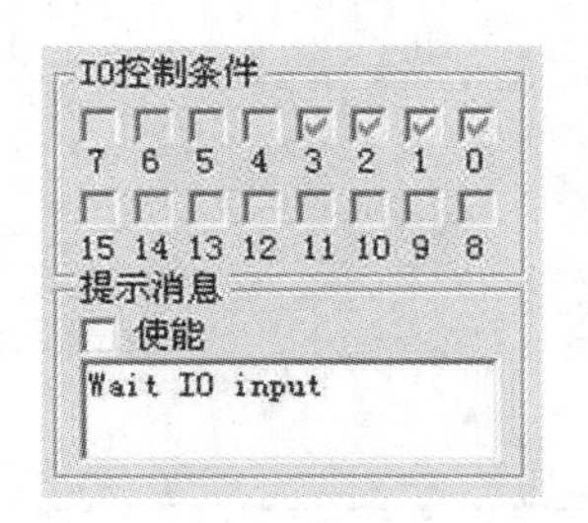

图 4-28 输入/输出控制条件

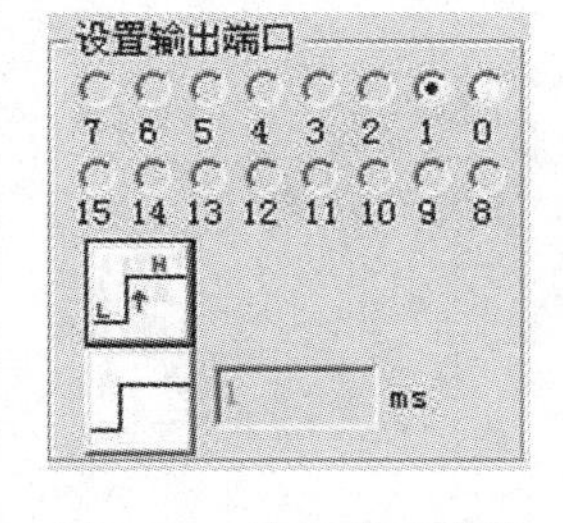

图 4-29 输出端口参数

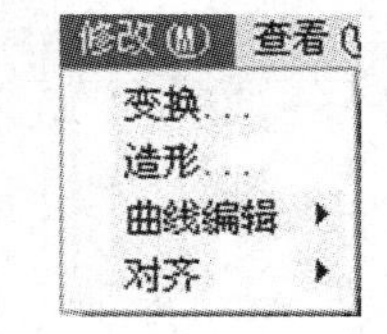

图 4-30 【修改】菜单

5) 查看菜单

【查看】菜单用来设置在 EzCad 软件视图中的各种选项,如图 4-31 所示。

6) 加工属性栏

图 4-32 是加工属性栏示意图,它有如下几个功能。

(1) 笔列表:在 EzCad 中每个文件都有 256 支笔,对应在加工属性栏中最上面的 256 支笔,笔号从 0 到 255。

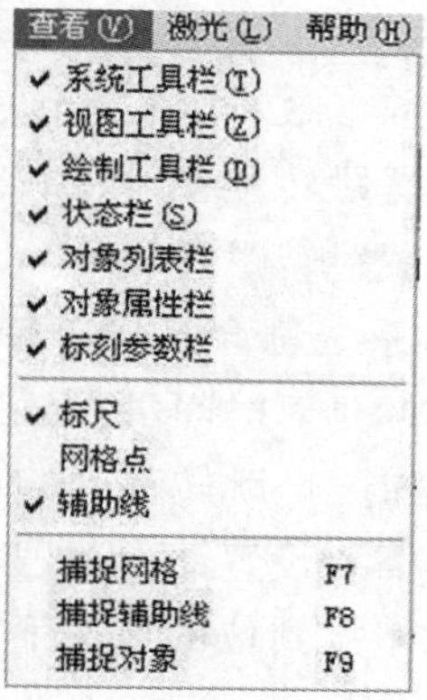

查看(V) 激光(L) 帮助(H)
✔ 系统工具栏(T)
✔ 视图工具栏(Z)
✔ 绘制工具栏(D)
✔ 状态栏(S)
✔ 对象列表栏
✔ 对象属性栏
✔ 标刻参数栏
✔ 标尺
网格点
✔ 辅助线
捕捉网格 F7
捕捉辅助线 F8
捕捉对象 F9

图 4-31 【查看】菜单

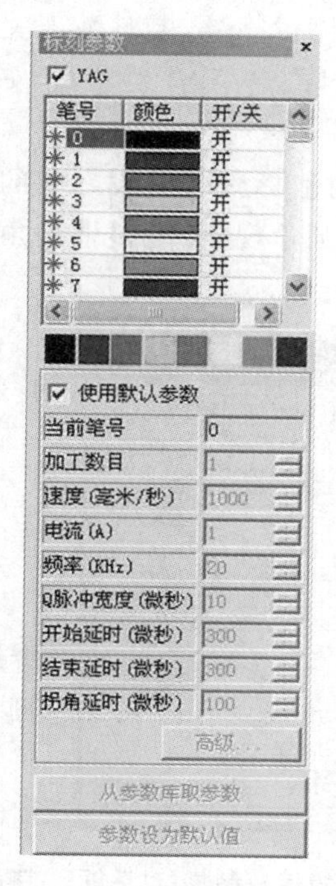

图 4-32 加工属性栏

【*】:表示加工对象对应为当前笔号时要加工,双击此图标可以更改。

【*】:表示加工对象对应为当前笔号时不加工。

【颜色】:表示当前笔号显示的颜色,双击颜色条可以更改颜色。

【参数应用按钮】:用户单击此按钮时,当前被选择的对象的笔号会被更改为对应的按钮笔号,如图 4-33 所示。

当用户在当前列表中单击右键时,会弹出如图 4-34 所示的右键菜单。

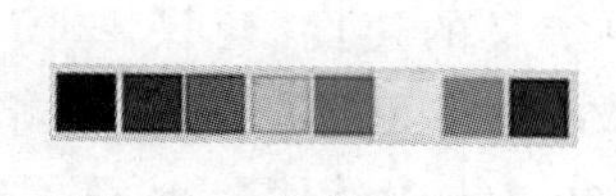

图 4-33 参数应用按钮

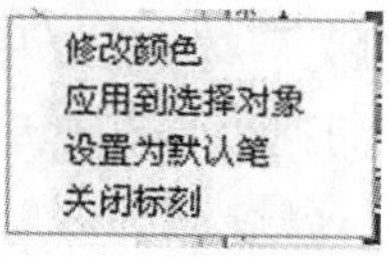

修改颜色
应用到选择对象
设置为默认笔
关闭标刻

图 4-34 右键菜单

(2) 加工参数库。

【加工数目】:表示所有对象对应为当前参数的加工次数。

【速度】:表示当前加工参数的打标速度。

【功率(电流)】:表示当前加工参数的功率百分比,100%表示当前激光器的最大功率。

【频率】:表示当前加工参数的激光器的工作频率。

【Q 脉冲宽度】:如果是 YAG 模式,则 Q 脉冲宽度是激光器的 Q 脉冲的高电平时间。

【开始延时】:打标开始时激光开启的延时时间。设置适当的开始延时参数可以去除在打标开始时出现的“火柴头”现象,但如果开始延时设置太大,则会导致起始段缺笔的现象,可以是负值。

【结束延时】:打标结束时激光关闭的延时时间。设置适当的结束延时参数可以去除在标刻完毕时出现的不闭合现象,但如果结束延时设置太大,则会导致结束段出现“火柴头”现象。

【拐角延时】:标刻时每段之间的延时时间。设置适当的拐角延时参数可以去除在标刻转角时出现的圆角现象,但如果拐角延时设置太大,则会导致标刻时间增加,且拐角处会有重点现象。

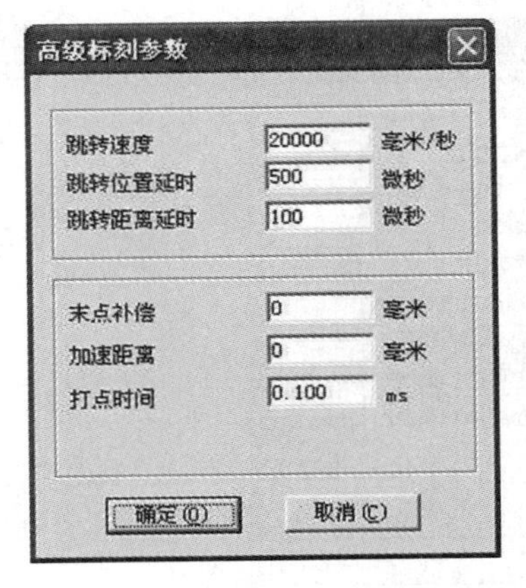

图 4-35 【高级标刻参数】对话框

(3) 高级按钮:单击“高级”按钮后,系统会弹出如图 4-35所示的【高级标刻参数】对话框。

【跳转速度】:设置当前参数对应的跳转速度。

【跳转位置延时】:设置跳转位置延时。

【跳转距离延时】:设置跳转距离延时。

每次跳转运动完毕,系统都会自动等待一段时间后才继续执行下一条命令,实际延时时间由下面公式计算:

跳转延时 = 跳转位置延时 + 跳转距离 × 跳转距离延时

【末点补偿】:一般不需要设置此参数,只有在高速加工时,调整延时参数无法使末点到位的情况下设置此值,强制在加工结束时继续标刻一段长度为末点补偿距离的直线,可以为负值。

【加速距离】:适当设置此参数,可以消除标刻开始段的打点不均匀的现象。

【打点时间】:当对象中有点对象时,每个点的出光时间。

(4) 加工属性设置案例及过程分析。

① 案例要求:绘制一个 40×20 的矩形,填充参数设置如下。

【轮廓及填充】:【填充边距】为 0、【填充间距】为 1.0、【填充角度】为 0、【单向填充】。

标刻参数设置如下。

【参数名称】为××(建议用户使用易懂的标识名称);【标刻次数】为 1;【标刻速度】为××(用户需要的速度);【跳转速度】为×××(用户定义的速度,建议 1200~2500);【功率比例】为 50%;【频率】为 5 kHz;【开始延时】为 300;【结束延时】为 300;【多边形延时】为 100;【跳转位置延时】为 1000;【跳转距离延时】为 1000;【末点补偿】为 0;【加速距离】为 0。

② 过程分析。

● 【开始延时】过程分析:填充矩形后观察填充线的开始段和边框的相对位置,可能会有以下几种情况。

第一种,填充线与边界分离,可能是开始段延时数值过大,应调小数值,如图 4-36(a)所示。第二种,填充线与边界重合,出现“火柴头”现象,可能是开始段延时数值过小,应调大数值,如图 4-36(b)所示。第三种,填充线与边界重合,没有出现“火柴头”现象,说明开始段延时数值合适,如图 4-36(c)所示。

由于激光器和振镜各不相同,有时无论如何修改【开始延时】都不能使填充线开始段与边界线刚好重合,此时需要设置【加速距离】参数,一般数值范围为 0.05~0.25。

有时可能会出现填充线开始段超出边界线的情况，如图 4-37(a)所示，此时可将【开始延时】数值增大或将【加速距离】减小，将两个参数配合调整一定会达到满意效果。

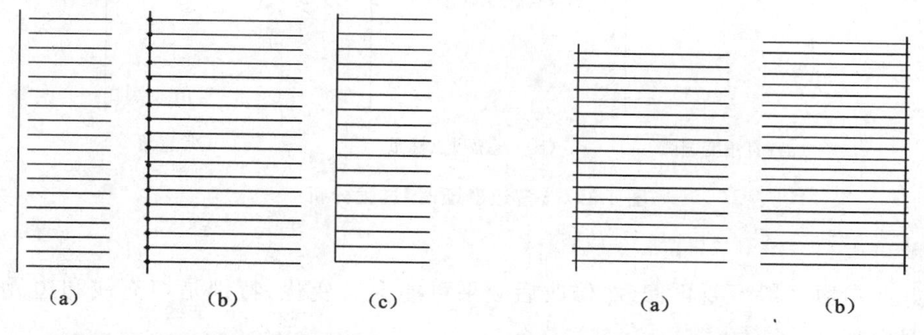

图 4-36 【开始延时】过程分析　　图 4-37 填充线超出边界线的两种情况

●【结束延时】过程分析：填充矩形后观察填充线的结束段和边框的相对位置，也可能会有以下几种情况。

第一种，填充线与边界分离，可能是结束段延时太小，应调大数值，如图 4-38(a)所示。第二种，填充线与边界重合，出现“火柴头”现象，可能是结束段延时过大，应调小数值，如图 4-38(b)所示。第三种，填充线与边界重合，没有出现“火柴头”现象，说明结束段延时数值合适，如图 4-38(c)所示。

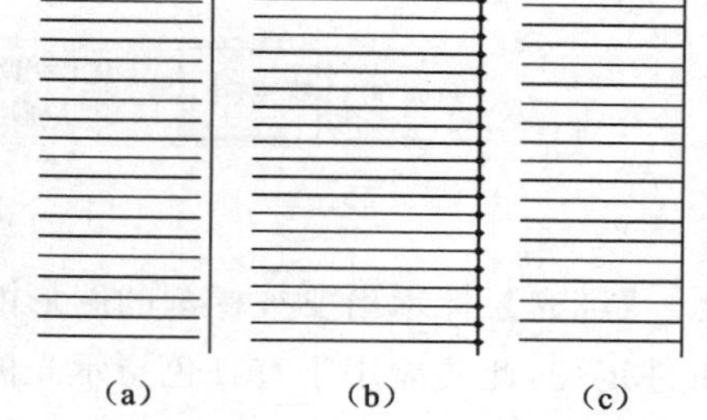

图 4-38 【结束延时】过程分析

由于激光器和振镜各不相同，有时无论如何修改【结束延时】都不能使填充线结束段与边界线刚好重合，此时需要设置【末点补偿】参数，一般数值范围为 0.05～0.25。

有时可能会出现填充线结束段超出边界线的情况，如图 4-37(b)所示，此时可将【结束延时】数值减小或将【末点补偿】减小，将两个参数配合调整一定会达到满意效果。

●【跳转延时】过程分析：跳转延时有【跳转位置延时】和【跳转距离延时】两个设置，一般情况下这两个参数设置成相同的数值，步骤如下。

将参数列表栏里的【跳转位置延时】和【跳转距离延时】设置为 0，填充矩形，观察填充线的开始段和结束段，如果出现弯曲现象，则加大这两个延时设置直到弯曲现象不明显即为合适的参数值。

注意，两个延时参数设置为在保证线条两头不出现弯曲的情况下的最小值，数值太大会影响打标加工的效率。振镜性能越好，该值可以设置得越小。

●【多边形延时】过程分析：观察删除了填充的矩形边角，可能会出现以下三种情况。

第一种，本应为直角的图形变成了圆弧角，可能是多边形延时参数值太小，应调大数值，如图 4-39(a)所示。第二种，本应为直角的图形虽然是直角，但出现直角顶点标重现象，可能是多边形延时参数值太大，应减小数值，如图 4-39(b)所示。第三种，本应为直角的图形是直角，没有出现顶点标重现象，说明多边形延时参数值合适，如图 4-39(c)所示。

以上几个参数值设置完成后，将其保存起来就可以进行打标，以后直接选中需要的标刻

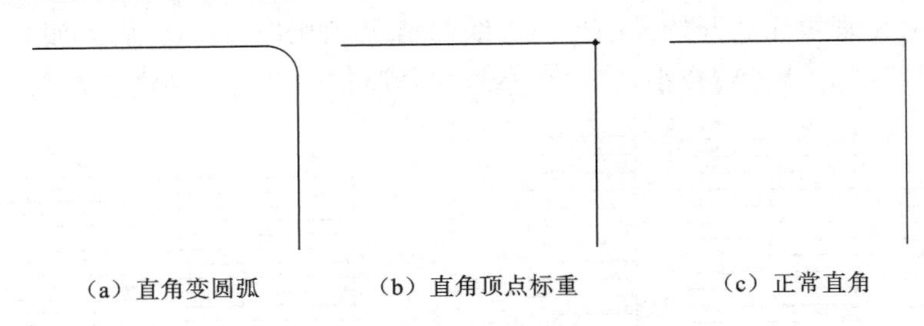

图 4-39 【多边形延时】过程分析

参数名称就可以。

设定好的参数一般不要再修改，修改后效果可能会有变化，特别是填充线和边界会有不重合的情况出现。

7) 加工对话框

加工对话框在 EzCad 界面的正下方，如图 4-40 所示。

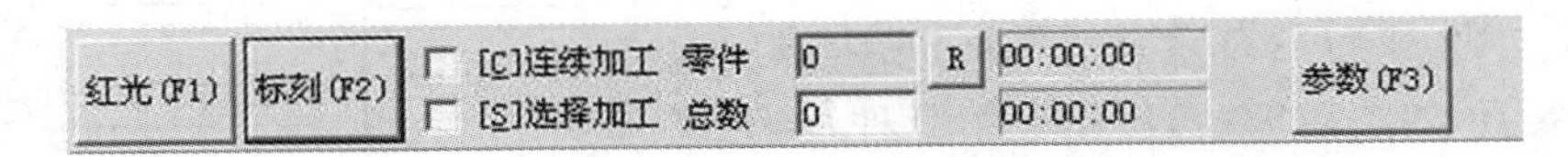

图 4-40 加工对话框

【红光】：标示出要被标刻的图形的外框，但不出激光，用来指示加工区域，方便用户对加工件定位，此功能用于有红色指示光的标刻机，直接按键盘 F1 键也可执行此命令。

【标刻】：开始加工，直接按键盘 F2 键即可执行此命令。

【连续加工】：表示一直重复加工当前文件，中间不停顿。

【选择加工】：只加工被选择的对象。

【零件】：表示当前被加工完的零件总数。

【总数】：表示当前要加工的零件总数，在连续加工模式下无效。在非连续加工模式下时，如果此零件总数大于 1，加工会重复进行直到加工零件数等于零件总数才停止。

【参数】：当前设备的参数，直接按键盘 F3 键可执行此命令。

4.1.2 激光打标软件基本操作技能训练

1. 激光打标软件信息搜集

打标软件基本操作功能见第 4.1.1 节，使用图 3-76(a)所示的图形作为技能训练所画花纹图形。

2. 制订激光打标软件操作工作计划

制订激光打标软件操作工作计划，填写表 4-1。

3. 激光打标软件操作实战技能训练

完成激光打标软件基本操作，填写工作记录表 4-2。

表 4-1 激光打标软件操作工作计划表

序号	工作流程	主要工作内容	
1	任务准备	材料准备	
		设备准备	
		场地准备	
		资料准备	
2	制订激光打标软件操作工作计划	1	
		2	
		3	
		4	
3	注意事项		

表 4-2 激光打标软件操作工作记录表

加工步骤	工作内容	工作记录
图形导入与设置	导入封闭的莲花花纹图形	
	图形居中，调整图形尺寸	
	选中图形，单击填充	
	设定填充角度与线间距	
打标参数调整设置	设定打标次数	
	设定打标速度	
	设定打标功率	
	设定打标频率	
	设定开始延时	
	设定结束延时	
	设定拐角延时	

4. 激光打标软件操作过程评估

进行激光打标软件操作过程评估，填写表 4-3。

表 4-3 激光打标软件操作技能训练过程评估表

工作环节	主要内容	配分	得分
图形导入与设置 20 分	正确导入图形，居中并填充	10	
	正确设定填充角度与线间距	10	
打标参数调整 70 分	正确设定打标次数	10	
	正确设定打标速度，不出现速度过快打轻看不清或速度过慢打重打糊现象	10	
	正确设定打标功率，不出现功率过小打轻看不清或功率过大打重打糊现象	10	

续表

工作环节	主要内容	配分	得分
打标参数调整 70分	正确设定打标频率，不出现频率过小导致激光点分离或频率过大导致激光点能量不够现象	10	
	正确设定开始延时，不出现“火柴头”现象或边框不填充现象	10	
	正确设定结束延时，不出现“火柴头”现象或边框不填充现象	10	
	正确设定拐角延时，不出现延时过大、拐角处出现重点现象或延时过小、拐角处变成圆角现象	10	
现场规范 10分	人员安全规范	5	
	设备场地安全规范	5	
合计		100	
(1) 注重安全意识，严守设备操作规程，不发生各类安全事故。 (2) 注重成本意识，保证设备完好无损，尽可能节约训练耗材。			

4.2 激光打标软件专项知识与技能训练

4.2.1 条形码打标知识与技能训练

1. 条形码打标知识与信息搜集

1) 条形码简介

(1) 基本概念：条形码是将宽度不等的多个黑条和空白，按照一定的编码规则排列，用以表达一组信息的图形标识符。有许多不同的编码方法（或称码制），在许多领域都得到广泛应用，激光打标是条形码制作的主要工艺方法之一。

(2) 一维条形码：一维条形码只在水平方向表达信息，垂直方向高度通常是为了便于阅读器对准，如图 4-41(a)所示。

(3) 二维条形码：在水平和垂直方向的二维空间存储信息的条形码，称为二维条形码，如图 4-41(b)所示。

2) 条形码激光打标方法

条形码激光打标是通过打标软件中设置条形码字体参数来实现的，如图 4-42 所示。

当选择条形码字体后，单击，系统弹出如图 4-42 所示的对话框。

(1) 条形码字体参数对话框如下。

【数字 1】区域表示条形码示例图，显示的是当前条形码类型所对应的条码的外观图片。【数字 2】区域是条形码说明区，显示当前条形码的一些格式说明，可以了解到应该输入什么样的文字才是合法的。【数字 3】区域显示当前文本，如果显示 ☑有效 表示文本可以生成有效

（a） （b）

图 4-41 一维条形码和二维条形码

的条形码。【数字 4】区域用来在条形码下方是否显示可供人识别的文字，如图 4-43 所示，【字体】是当前要显示文本的字体，【文本高度】是文本的平均高度，【文本 X 偏移】是文本的 X 偏移坐标，【文本 Y 偏移】是文本的 Y 偏移坐标，【文本间距】是文本之间的间距。【数字 5】区域是指条形码反转时，可以指定条形码周围的空白区域的尺寸。

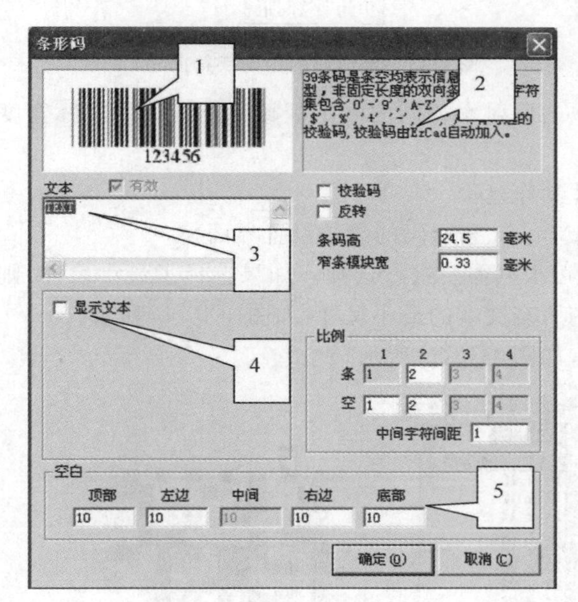

图 4-42 条形码字体参数对话框

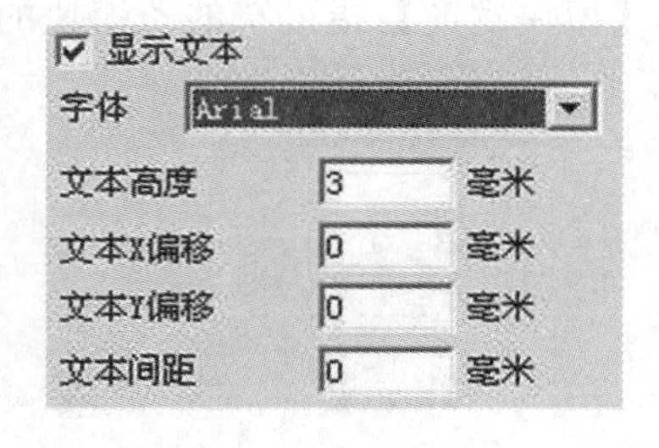

图 4-43 显示文本对话框

（2）一维条形码打标文件制作过程。

图 4-44 表示了一维条形码打标文件制作过程中的参数设置情况。

【校验码】指当前条形码是否需要校验码，有的条形码可以由用户自己选择是否需要校验码，所以用户可以选择是否使用校验码。

【反转】指是否反转加工，材料激光标刻后是浅色必须选上此开关。【条码高】指条形码的高度。【窄条模块宽】指最窄的条模块的宽度，也就是基准条模块的宽度。

一维条形码一般有四种宽度的条和四种宽度的空，按照条空的宽度从小到大用 1、2、3、4 来表示为基准条宽的 1、2、3、4 倍。窄条模块宽度指条为 1 个基准条宽的宽度。

条2的实际宽度等于窄条模块宽度乘以条2的比例，条3、4以此类推。空1的实际宽度等于窄条模块宽度乘以空1的比例，空2、3、4以此类推。

【中间字符间距】个别条形码规定字符与字符之间有一定的间距(如Code39)。该参数用来设置此值，如图4-45所示。中间字符间距的实际宽度等于窄条模块宽度乘以中间字符间距的比例。

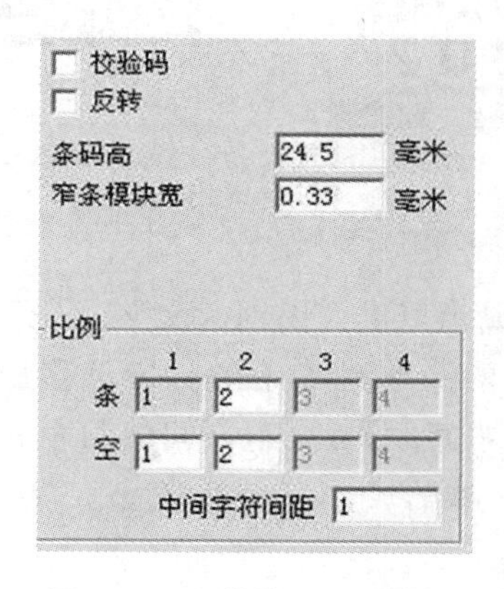

图4-44 一维条形码的参数

图4-45 条形码的中间字符间距

【空白】条码左右两端外侧或中间与空的反射率相同的限定区域。空白区的实际宽度等于窄条模块宽度乘以空白的比例。

(3) DataMatrix二维条形码打标文件制作过程。

图4-46(a)所示的为矩阵式二维DataMatrix条形码的参数设置界面。

DataMatrix有许多不同的固定尺寸，可根据需要进行选择。如果选择了最小尺寸，则系统会自动按用户输入的文本选择能够容纳所有文本的最小尺寸，如图4-46(b)所示。

【模块宽度】：指最窄的条模块的宽度，如图4-46(c)所示。

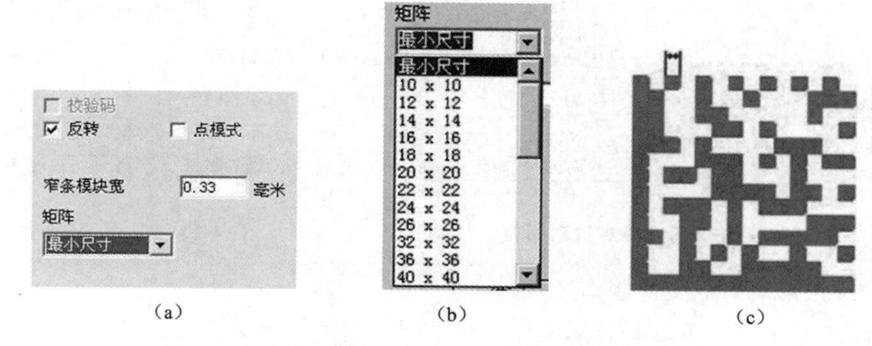

图4-46 矩阵式二维DataMatrix条形码参数设置界面

(4) QRCODE二维条形码打标文件制作过程。

图4-47(a)所示的为QRCODE二维条形码的文本设置界面，其字符集包括所有ASCII码字符。图4-47(b)所示的为QRCODE二维条形码的参数设置界面，可以看到它与DataMatrix条形码的参数设置界面有许多相同之处，可根据需要进行选择。如果选择了最小尺寸，则系统会自动按用户输入的文本选择能够容纳所有文本的最小尺寸。【窄条模块宽】指

最窄的条模块的宽度，如图 4-47(c)所示。

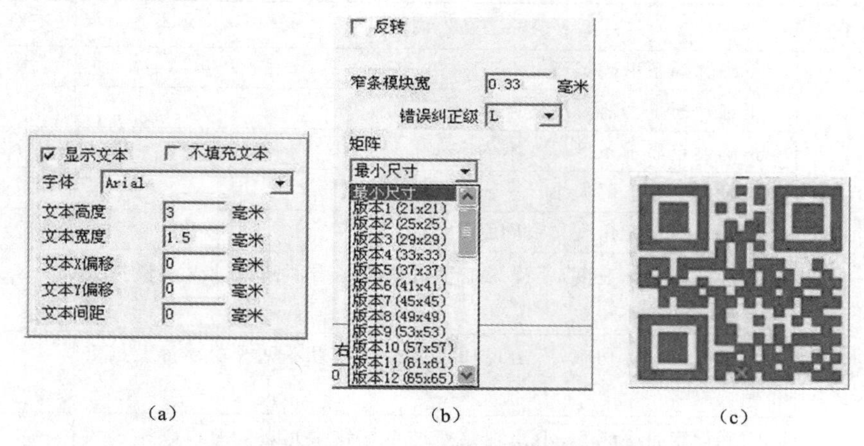

(a)　　(b)　　(c)

图 4-47　QRCODE 二维条形码参数设置界面

2. 二维条形码打标操作实战技能训练

1）二维条形码打标要求

(1) 尺寸要求：条形码大小 22 mm×22 mm，字符高度 3 mm，字符与条形码间隔 3 mm，条形码内容大致如图 4-41(b)所示。

(2) 表面质量要求：条形码整齐清晰，条符无明显残缺，色差对比度 PCS 值高，可稳定识别。

2）完成二维条形码打标

完成二维条形码打标过程，填写工作记录表 4-4。

表 4-4　激光打标软件操作工作记录表

加 工 步 骤	工 作 内 容	工作记录
条形码设置调整	输入条形码内容	
	选择条形码类型	
	判断是否需要反转条形码	
	设定显示条形码文本内容	
	设定条形码大小	
	设定填充角度与线间距	
打标参数调整	设定打标速度	
	设定打标功率	
	设定打标频率	

3. 二维条形码打标操作过程评估

二维条形码打标操作过程评估，填写表 4-5。

表 4-5　条形码打标操作技能训练过程评估表

工作环节	主要内容	配分	得分
条码设置调整 70 分	正确选择条形码类型	20	
	正确判断是否需要反转条形码	20	
	正确设定显示条形码文本内容	15	
	正确设定条形码大小	5	
	正确设定填充角度与线间距	10	
打标参数调整 20 分	正确设定打标速度，不出现速度过快打轻看不清或速度过慢打重打糊现象	5	
	正确设定打标功率，不出现功率过小打轻看不见或功率过大打重打糊现象	5	
	正确设定打标频率，不出现频率过小导致激光点分离或频率过大导致激光点能量不够	5	
	色差对比度 PCS 值高，可稳定识别	5	
现场规范 10 分	人员安全规范	5	
	设备场地安全规范	5	
合计		100	

(1) 注重安全意识，严守设备操作规程，不发生各类安全事故。

(2) 注重成本意识，保证设备完好无损，尽可能节约训练耗材。

4.2.2　变量文本(跳号)打标知识与技能训练

1. 变量文本(跳号)打标知识与信息搜集

1) 变量文本简介

变量文本是指在加工过程中可以按照用户定义的规律动态更改的文本。变量文本激光打标是通过在打标软件中设置变量文本参数来实现的，单击使能变量文本后可以使能变量文本，如图 4-48 所示。

2) 变量文本类型

(1)【键盘】：加工过程中由用户从键盘输入要加工的变量文本。

(2)【日期】：加工过程中系统自动从计算机中取日期时间信息形成新的变量文本。

(3)【序列号】：加工过程中按固定增量改变文本。

(4)【列表文件】：加工过程中从用户设置的文本文件中逐行读取要加工的变量文本。

(5)【动态文件】：加工过程中从用户设置的文本文件中按指定的格式读取文本。

3) 键盘文本打标知识

(1) 定义：键盘文本是由用户从键盘输入要加工的文本，当选择了键盘文本，系统会显示如图 4-49 所示的内容，要求用户设置键盘文本参数。

(2)【不提示】:指在加工的时候不提示用户更改要加工的文本。

【每件加工前提示】:用户选择此项,在加工中遇到键盘变量文本时会弹出输入对话框,要求用户输入要加工的文本,如图 4-50 所示,此时用户直接手工输入要加工的文本。

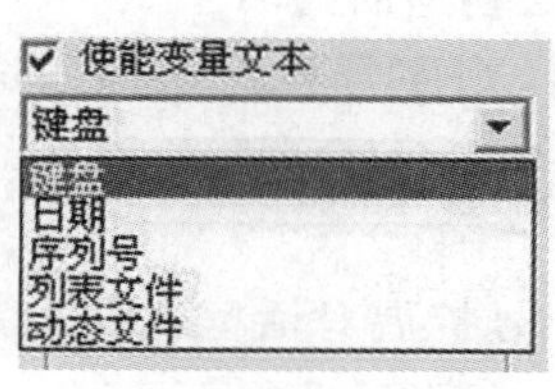

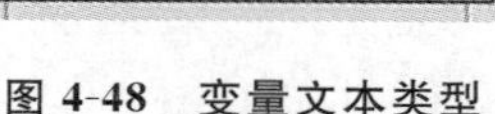

图 4-48 变量文本类型

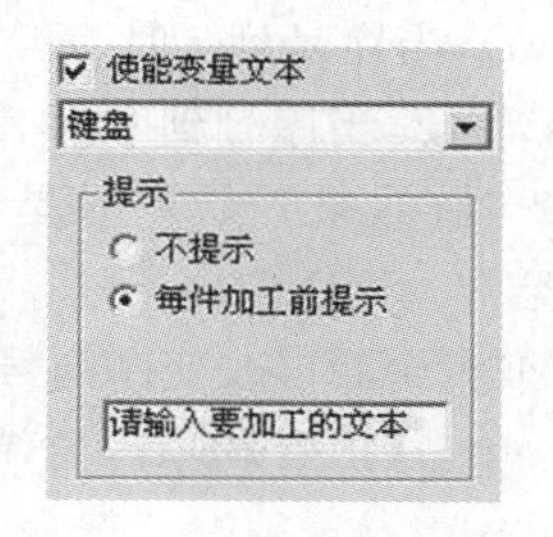

图 4-49 键盘输入文本参数

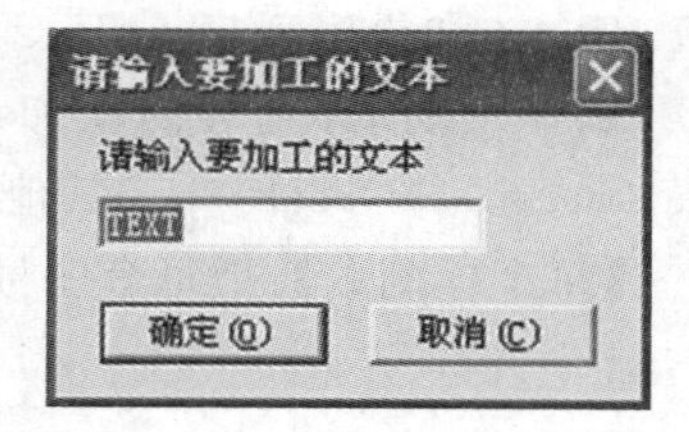

图 4-50 键盘输入文本对话框

4) 日期文本打标知识

定义:在加工过程中,系统会自动从计算机中取日期时间信息形成新的日期文本对象。

选择日期文本时,在变量文本对话框中会自动显示出当前预定义的日期格式列表,如图 4-51 所示,用户可以直接从日期格式列表中选择自己需要的日期格式。

5) 序列号打标知识

(1) 定义:序列号是指生产厂家在重要零部件(含产成品)上都标识唯一的代码。序列号和条形码是有区别的,同一型号的产品条形码是一致的,但有不同的唯一序列号,比如每一台汽车发动机只有全球唯一的一个序列号。

激光打标序列号文本是加工过程中按固定增量改变文本。用户选择了序列号文本时在变量文本对话框中会自动显示出序列号文本的参数定义,如图 4-52 所示。

图 4-51 日期格式列表

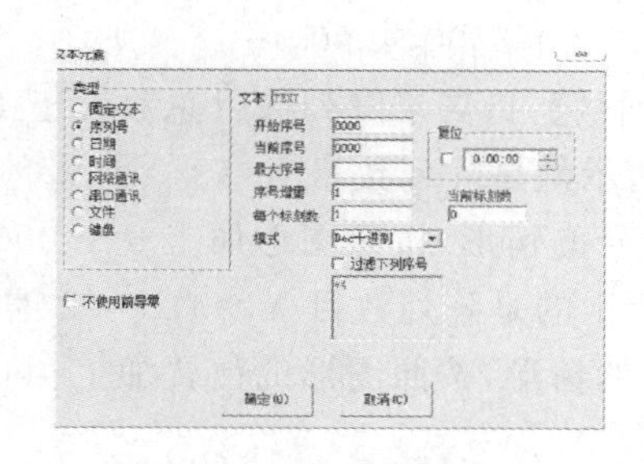

图 4-52 序列号文本的参数定义

(2) 主要操作按钮。

【开始序号】:指当前要加工的第一个序列号,可以是任何【0～9】、【a～z】和【A～Z】之间的 ASCII 字符。

【当前序号】:指当前要加工的序列号。

【序号增量】:指当前序列号的增加量,可以为负值,表示序列号递减。

例 1 当前序列号增加量为 1 时,如果开始序号是 0000 时,则每个序号会在前一序号的基础上加 1,如 0000,0001,0002,0003,…,9997,9998,9999,当序号到 9999 时,系统会自动返回到 0000。

例 2 当前序列号的增加量为 5 时，如果开始序号是 0000 时，则每个序号会在前一序号的基础上加 5，则序号列为 0000，0005，0010，0015，0020，0025，…。

例 3 如果序列号 a，b，c，…，x，y，z，当序号到 z 时，系统会自动返回到 a。

例 4 如果序列号 A，B，C，…，X，Y，Z，当序号到 Z 时，系统会自动返回到 A。

例 5 当前序列号的增加量为 2 时，如果开始序号是 aaaa 时，则序号列为 aaaa，aaac，aaae，aaag，aaai，aaak，…。其他以此类推。

【每个标刻数】：指每个序号要加工多少后再改变序列号。

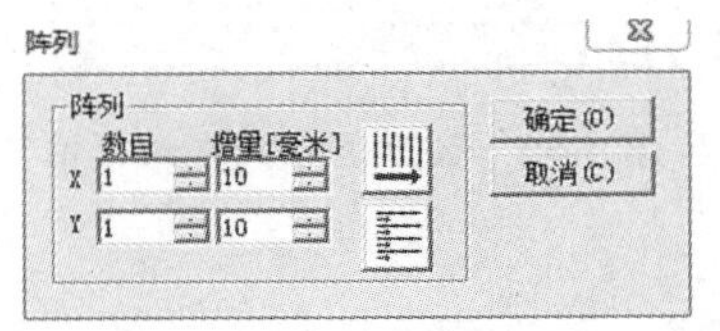

图 4-53 序列号扩展参数对话框

单击【扩展】键后，会弹出序列号扩展对话框，如图 4-53 所示。

【前缀】：在序列号文本前面的固定不变的文本。【后缀】：在序列号文本后面的固定不变的文本。【复位序列号】：指当前序列号等于指定的复位序列号时，当前序列号复位为开始序列号并重新开始。【禁止前导零】：如果序列号文本是数字时，前面有许多字符“0”是否省略，如 0000，0001，0002，…，如果使能了【禁止前导零】选项，则序号变成 0，1，2，…。

【过滤下列符号】：在过滤列表中可以设置 20 个过滤条件，过滤一些不需要的序列号。

例 6 如果开始序号是 0000，序号增加量为 1 的序号组是 0000，0001，0002，0003，0004，0005，…，0012，0013，0014，0015，0016，…，如果过滤条件是【 * 4】，表示所有序号末尾数是 4 的序号都过滤掉，【 * 】表示通配符号。此时序号组变成 0000，0001，0002，0003，0005，…，0012，0013，0015，0016，…。

例 7 如果开始序号是 1000，序号增加量为 500 的序号组是 1000，1500，2000，2500，3000，3500，…，如果过滤条件是【2 * 】表示所有序号首数是 2 的序号都过滤掉，此时序号组变成 1000，1500，3000，3500，4000，…。

【阵列序列号】：指如果阵列数目总数大于 1 时，是否序列号要随着阵列数目一起改变。

图 4-54 所示的是阵列数目 X＝3，Y＝2 时序列号 0000，0001，0002，0003，0004，0005 不使能阵列序列号的情形，按照图形加工 6 个 0000，6 个 0001，…。

图 4-55 所示的是阵列数目 X＝3，Y＝2 时序列号 0000，0001，0002，0003，0004，0005 使能阵列序列号的情形，按照图形的位置加工 0000～0005，然后再由 0006～0010，依此类推。

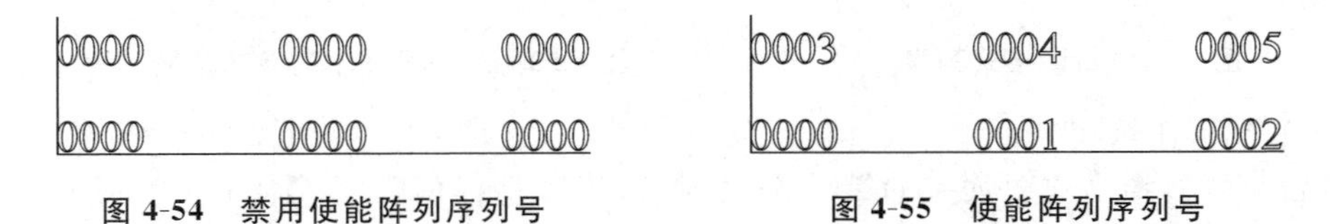

图 4-54 禁用使能阵列序列号　　图 4-55 使能阵列序列号

6）列表文件打标知识

（1）TxT 文本文件：选择了 TxT 文件，系统会显示如图 4-56(a)所示的内容，要求用户设置文件名称和当前要加工文本的行号。

【自动复位】：当加工到文本文件最后时，行号复位为 0，重新从第一行开始加工。

(2) Excel文本文件：当选择了Excel文件，系统会显示如图4-56(b)所示的内容，要求用户设置文件名称、字段名称和当前要加工文本的行号。

【字段名称】：指Excel文件表中表单1所有列的第一行的文本。加工时，系统会自动从对应的列中取出要加工的文本。

7) 动态文件打标知识

(1) 定义：动态文件指加工过程中从用户设置的文本文件中按指定的格式读取的文本。当用户选择了动态文件时，变量文本对话框的参数示例如图4-57所示。

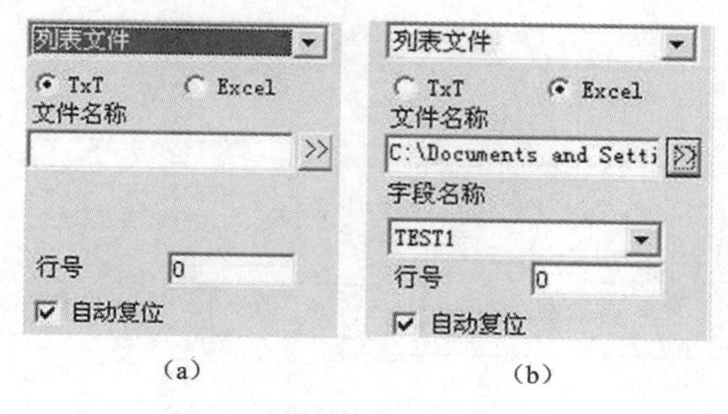

(a) (b)

图4-56 列表文件的参数定义

图4-57 动态文件的参数定义

(2) 主要操作按钮。

【文件名称】：指示文本文件的名称，在进行加工的时候系统会自动打开此文件，从此文件中读取文本信息进行加工。在自动生产线时可以由其他软件打开此文件，修改文本信息。

【浏览文件】：单击此按钮，系统会弹出打开文件对话框，用户可选择文本文件。

变量文本文件所需要的文本格式必须符合EzCad定义，如图4-58所示。

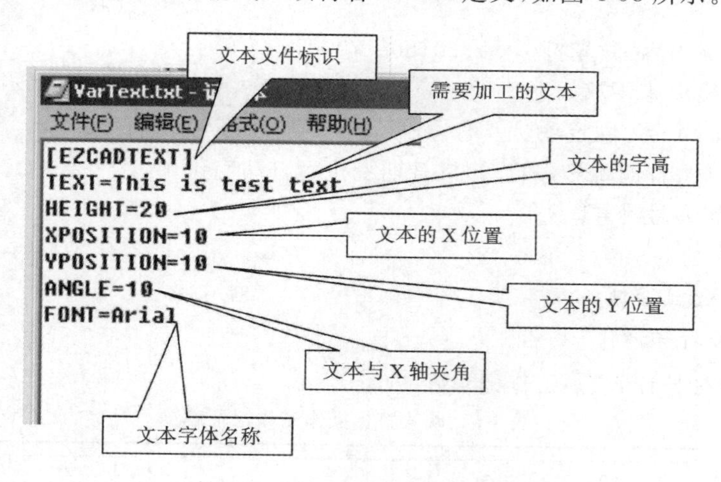

图4-58 EzCad文件变量文本格式

【EZCADTEXT】：是EzCad变量文本的标识符号，如果没有此标识的文本文件，系统都会认为当前文件是不合法的文本文件。

【TEXT】：是用户需要打标加工的文本，不可以省略此项参数，否则系统找不到此参数，不会加工任何图形。

以下参数是可以省略的，如果没有下面的参数，系统会直接使用当前设置的参数。

【HEIGHT】：文本的平均字高，单位为毫米。

【XPOSITION】：文本的第一个字符左下角的 X 位置，单位为毫米。

【YPOSITION】：文本的第一个字符左下角的 Y 位置，单位为毫米。

【ANGLE】：文本与 X 轴的夹角，单位为度。

【FONT】：文本使用的字体的名称，字体的名称必须注意大小写，而且字体的名字必须在 EzCad 软件可以找到对应的字体。

图 4-59 是文本在 EzCad 中的显示效果。

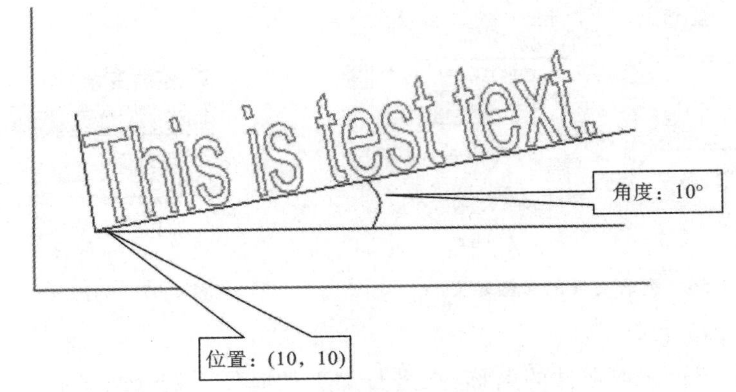

图 4-59　变量文本文件的图形显示

2. 跳号打标操作实战技能训练

1）跳号打标训练项目

（1）跳号打标内容：激光打标 SIT201806170001。

（2）跳号打标训练要求如下。

① 激光打标 SIT 为固定项。

② 20180617 为日期跳号，随计算机日期变化而自动变化。

③ 0001 为序列号跳号。

④ 字体高度为 5 mm。

⑤ 字体为 Arial 字体。

2）完成跳号打标操作

完成跳号打标操作，填写工作记录表 4-6。

表 4-6　跳号打标操作工作记录表

加工步骤	工作内容	工作记录
跳号设置调整	设定固定项	
	设定日期跳号	
	设定序列号跳号	
	选择字体类型	
	设定跳号字体大小	
	设定填充角度与线间距	

续表

加工步骤	工作内容	工作记录
打标参数调整	设定打标速度	
	设定打标功率	
	设定打标频率	

3. 跳号打标操作过程评估

进行跳号打标操作过程评估，填写表 4-7。

表 4-7 跳号打标操作技能训练过程评估表

工作环节	主要内容	配分	得分
跳号设置调整 70 分	正确设定固定项	10	
	正确设定日期跳号	20	
	正确设定序列号跳号	20	
	正确选择规定字体	5	
	正确设定字体大小	5	
	正确设定填充角度与线间距	10	
打标参数调整 20 分	正确设定打标速度，不出现速度过快导致打轻、看不清或速度过慢导致打重、打糊现象	10	
	正确设定打标功率，不出现功率过小导致打轻、看不见或功率过大导致打重、打糊现象	5	
	正确设定打标频率，不出现频率过小导致激光点分离或频率过大导致激光点能量不够现象	5	
现场规范 10 分	人员安全规范	5	
	设备场地安全规范	5	
合计		100	
(1) 注重安全意识，严守设备操作规程，不发生各类安全事故。 (2) 注重成本意识，保证设备完好无损，尽可能节约训练耗材。			

4.2.3 飞行打标知识与技能训练

1. 飞行打标知识与信息搜集

1) 飞行打标简介

飞行打标主要用于在各类产品表面或外包装物表面进行在线式打标，在打标过程中产品在生产线上不停地一维流动，极大地提高了打标的效率，如图 4-60 所示。

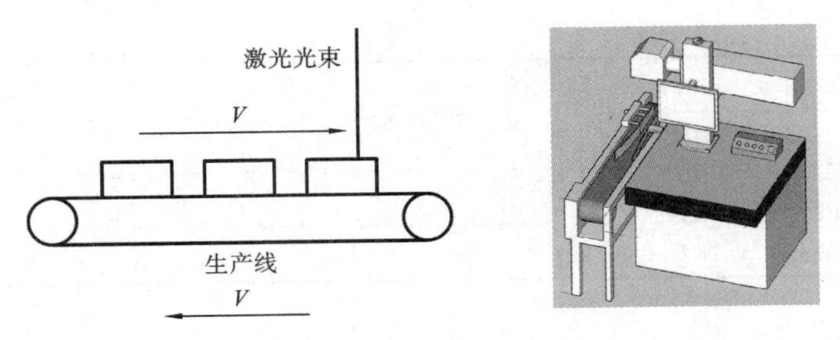

图 4-60 飞行打标示意图

2）飞行打标方法

(1) 运行 EzCad 软件，在主界面上绘制要打标的图案。

(2) 在主界面上单击【参数 F3】按钮，得到如图 4-61(a)所示的界面，找到【其他】标签，单击【飞行标刻】按钮，得到如图 4-61(b)所示的【飞行标刻】设置界面。

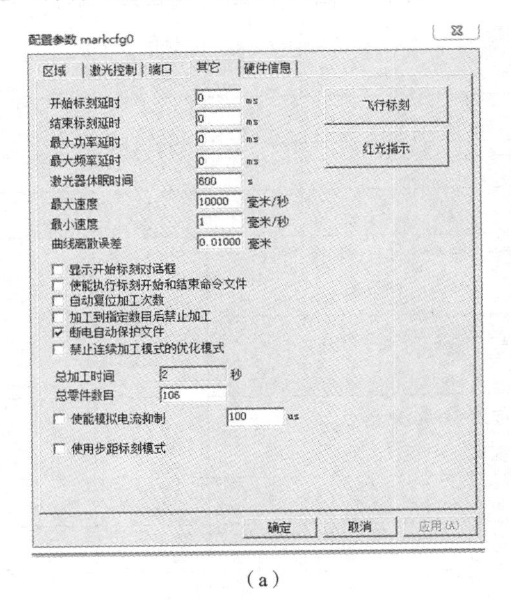

(a)

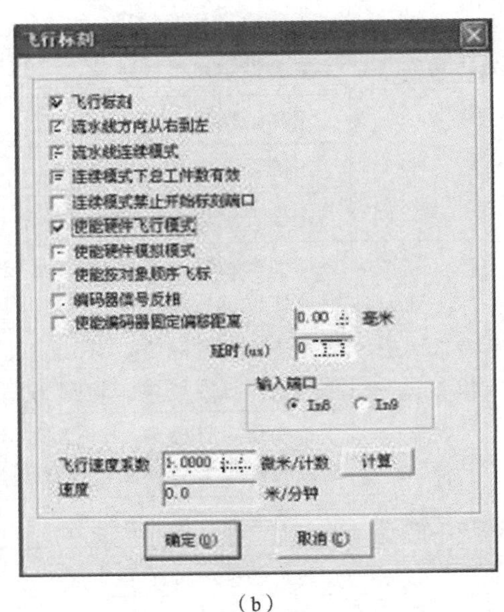

(b)

图 4-61 飞行打标设置界面

(3)【飞行标刻】对话框中设置界面各选项的意义。

【飞行标刻】：使能飞行标刻功能。

【流水线方向从右到左】：设置流水线运动方向。

【流水线连续模式】：飞行加工完后，如果有新的飞行端口信号，则继续加工；如果不勾选流水线连续模式，设备将检查信号上升沿状态，流水线不会自动开始加工。

【流水线模式下总工件数有效】：若勾选择此项，则在连续模式下加工数目达到指定数目后会停止加工。

【使能硬件飞行模式】：指使用旋转编码器自动跟踪线体速度，编码器作用是对流水线进行实时监测，同时反馈给板卡。编码器适用于匀速运动或非匀速以及速度不稳定的流水线。

【使能硬件模拟模式】：指使用模拟硬件的方式来产生线体速度，要求指定飞行速度系数。此飞行速度系数为生产线的实际速度，单位为毫米/秒或者英寸/分钟。

【飞行速度系数】：依据如下公式计算该参数并填入：飞行速度系数＝编码器每转一圈流水线移动的距离/编码器每转脉冲数。另外还可以通过飞行系数计算工具让流水线跑一段距离，在软件中输入该距离，软件根据该距离和所接收的脉冲数来自动计算飞行速度系数。飞行系数值要非常精确，否则会对打标效果产生影响，建议多次测量取平均值来尽量减小人为测量误差。

【使能编码器固定偏移距离】：如图 4-62 所示，图中 ABCDEF 为需要打标的图案。习惯上将图案放置在打标区域的中心（如图中②位置所示）。此时，当流水线运行方向由左至右时，软件会按照从右至左的顺序打标该字符串（即打标的顺序为 F E D C B A）。

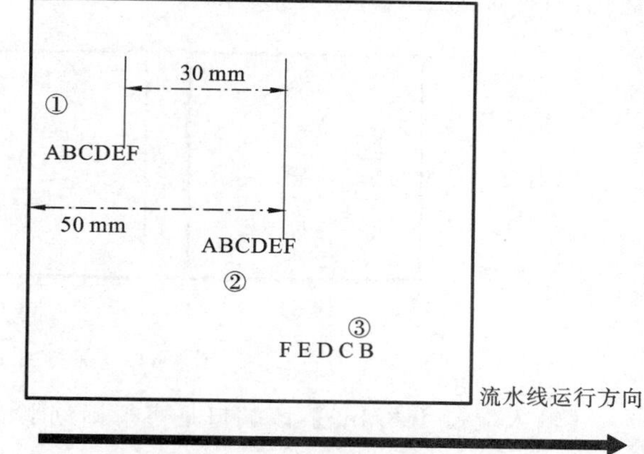

图 4-62 【使能编码器固定偏移距离】

由于流水线在运动，振镜打标的实际位置如图中③位置所示。也就是说，振镜一边跟踪流水线的运动，一边在进行加工处理。在③位置，各个字符之间的间距与流水线速度相关，当速度加快时，这个间距会变大。最后一个字符 A 是最靠近振镜打标区域边界。当流水线的速度增加到一定程度时有可能使 A 字符超出打标的区域。因此，在②位置的方式下加工范围实际是从 F 字符到振镜右边界的范围。

如果需要提高流水线的速度，可以采用①位置的方式，即把绘制的图形向左移动，此时，加工的范围将在②位置的基础上增加 30 mm。因此，在整个打标时间内流水线可以多移动 30 mm 的距离。

这种方式有一个缺陷，即图形的左边界不能超出打标区域的边界，即 A 字符不能超出图中左侧边线。因此，实际最大可加工的范围应该等于振镜加工范围减去该图形的长度，仍然不能利用振镜整体的加工幅面。

为了解决这个问题，在飞标参数中设置了一个【使能编码器固定偏移距离】参数。设置该参数后，打标卡自动将软件传递的振镜位置参数叠加一个固定的偏移。如图 4-62 所示，图形放置在①位置，同时设置【使能编码器固定偏移距离】为－30，其加工效果和图形放置在①位置是相同的。理论上这个参数可以设定的极限值，是从②位置 F 的右边界到加工区域的左边界，即图中 50 mm。在此情况下，实际最大可加工的范围等于振镜的可加工范围。该参数有正负的区别。图 4-62 所示情况中，参数极限值可设置为－50 mm。

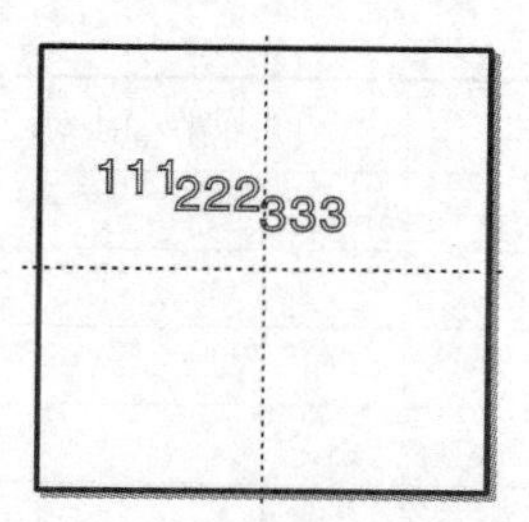

图 4-63 【使能按对象顺序飞标】

【使能按对象顺序飞标】：指按照对象列表顺序从上到下进行加工。不勾选此项则按照排版位置扫描加工。如图4-63所示，对象列表顺序为【1—2—3】，不勾选在流水线方向从左向右时，加工顺序为【3—2—1】，勾选则按照对象列表中的顺序进行加工，即【1—2—3】。

【编码器信号反向】:软件模拟编码器反向放置,勾选此项表示编码器输出的脉冲都是负值,即速度是负值。让流水线运动,当飞行速度处显示为负值时勾选此项。

【保持加工对象的顺序】:该功能是对加工工件顺序的一个优化,有些打标软件具有此功能,本案例使用的软件没有此功能。在作图区中作图,如图 4-64(a)所示,如果没有勾选,打标出来的图形可能会变成图 4-64(b)所示的样子;勾选后,振镜在加工图形的时候会自动进行优化,以保证加工图样不变形。

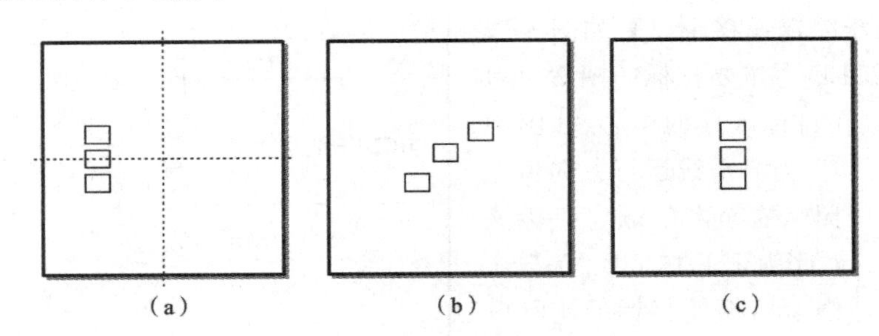

图 4-64 【保持加工对象的顺序】

【输入端口 In8/In9】:该端口是飞行标刻下的开始标刻端口。

2. 飞行打标操作实战技能训练

1) 飞行打标训练项目

(1) 飞行打标内容:123456。

(2) 打飞行标训练要求。

① 流水线运行速度根据编码器计算。

② 字体为单线字体。

③ 字体高度 4 mm。

④ 字体为 Arial 字体。

⑤ 打标后字体清晰不变形。

(3) 飞行打标设备条件。

① 激光打标机 1 台。

② 装有光点感应开关及编码器的流水线工作台一个。

2) 完成飞行打标操作

完成飞行打标操作,填写工作记录表 4-8。

表 4-8 飞行打标操作工作记录表

加工步骤	工作内容	工作记录
飞行打标设置调整	判断并设定流水线运行方向	
	计算飞行速度系数	
	设定编码器偏移距离	
	判断编码器信号是否反转	
	设定单线字体	
	设定字符尺寸大小	

续表

加工步骤	工作内容	工作记录
打标参数调整	设定打标速度	
	设定打标功率	
	设定打标频率	

3）飞行打标操作过程评估

进行飞行打标操作过程评估，填写表4-9。

表 4-9 飞行打标操作技能训练过程评估表

工作环节	主要内容	配分	得分
飞行设置调整 70分	正确选择单线字体	5	
	正确判断并设定流水线运行方向	10	
	正确计算飞行速度系数	20	
	正确设定编码器偏移距离	15	
	正确判断编码器信号是否反转	10	
	正确设定字符尺寸大小	10	
打标参数调整 20分	正确设定打标速度，不出现速度过快导致打轻、看不清或速度过慢导致打重、打糊现象	10	
	正确设定打标功率，不出现功率过小导致打轻、看不见或功率过大导致打重、打糊现象	5	
	正确设定打标频率，不出现频率过小导致激光点分离或频率过大激光点能量不够现象	5	
现场规范 10分	人员安全规范	5	
	设备场地安全规范	5	
合计		100	

（1）注重安全意识，严守设备操作规程，不发生各类安全事故。
（2）注重成本意识，保证设备完好无损，尽可能节约训练耗材。

4.2.4 位图打标知识与技能训练

1. 位图直接激光打标知识与信息搜集

1）位图直接激光打标简介

位图直接激光打标是制作名片、工艺品之类产品的常用工艺方法之一，打标效果如图4-65所示。

图 4-65 位图直接激光打标效果

2）位图直接激光打标方法

（1）要输入位图，可在绘制菜单中选择【位图】命令或者单击图标，此时系统弹出如图 4-66 所示的输入对话框，用户可选择要输入的位图。系统支持的位图格式有 Bmp、Jpeg、 jpg、Gif、Tga、Png、Tiff、Tif 等。

【显示预览图片】:用户更改当前文件时会自动显示当前文件的图片在预览框里。

【放置到中心】:把当前图片的中心放到坐标原点上。

输入位图后属性工具栏显示如图 4-67 所示的位图参数。

图 4-66 位图输入对话框

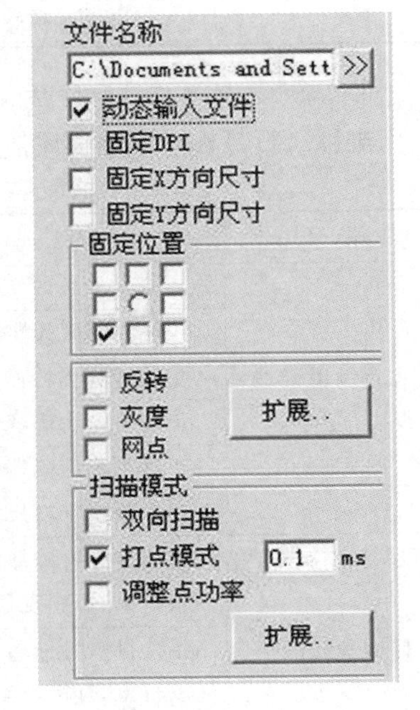

图 4-67 位图参数

【动态输入文件】:指在加工过程中是否重新读取文件。

【固定 DPI】:指由于输入的原始位图文件的 DPI 值不固定,可以起强制设置固定的 DPI 值的作用。DPI 值越大,图像精度越高,加工时间越长。DPI 是指每英寸多少个点,1 英寸等于 25.4 mm。

【固定 X 方向尺寸】:输入位图宽度固定为指定尺寸。

【固定 Y 方向尺寸】:输入位图高度固定为指定尺寸。

【固定位置】:动态输入文件时,如果改变位图大小,则应以哪个位置为基准。

(2) 图像处理基本方法。

【反转】:将当前图像每个点的颜色值取反,如图 4-68 所示。

【灰度】:将彩色图形转变为 256 级的灰度图,这是位图直接激光打标常用的方法,如图 4-69所示。

【网点】:使用黑白二色图像模拟灰度图像,用黑白两色通过调整点的疏密程度来模拟出不同的灰度效果,如图 4-70 所示。

单击图像处理的【扩展】按钮,会弹出如图 4-71 所示的位图处理扩展对话框。【发亮处理】可以更改当前图像的亮度和对比度。

(3) 加工扫描模式基本方法。

【双向扫描】:指加工时位图的扫描方向是双向来回扫描,如图 4-72 所示。

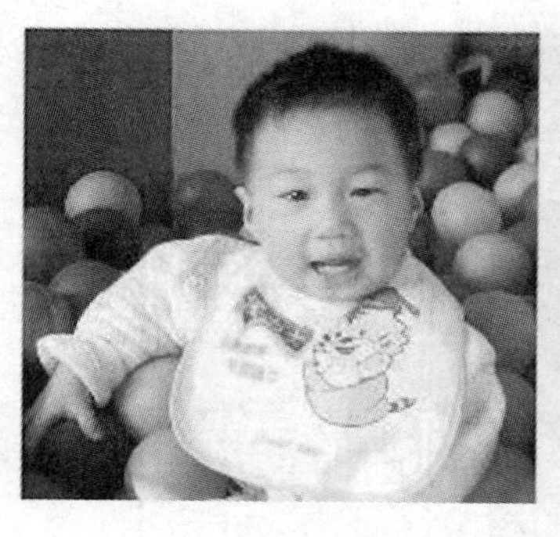
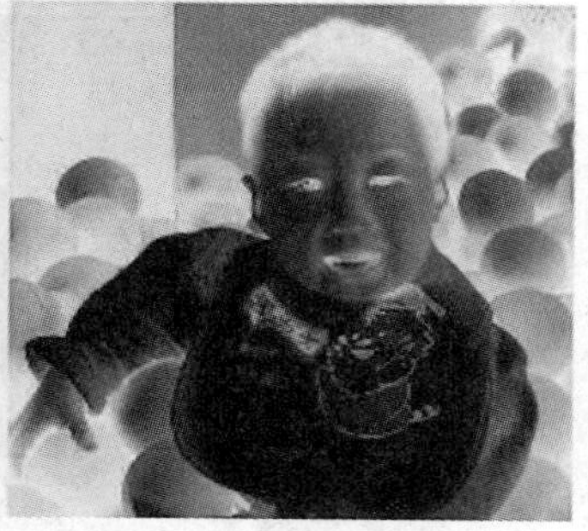

图 4-68 原图与反转处理效果对比

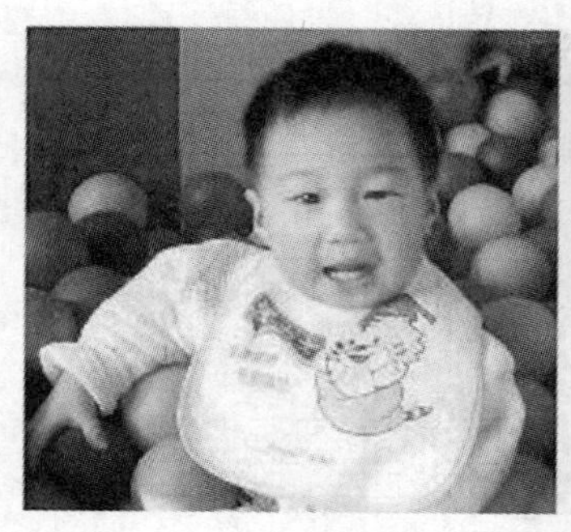
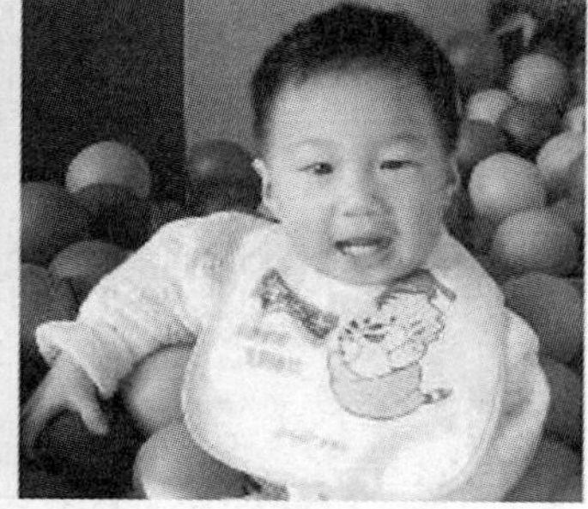

图 4-69 原图与灰度处理效果对比

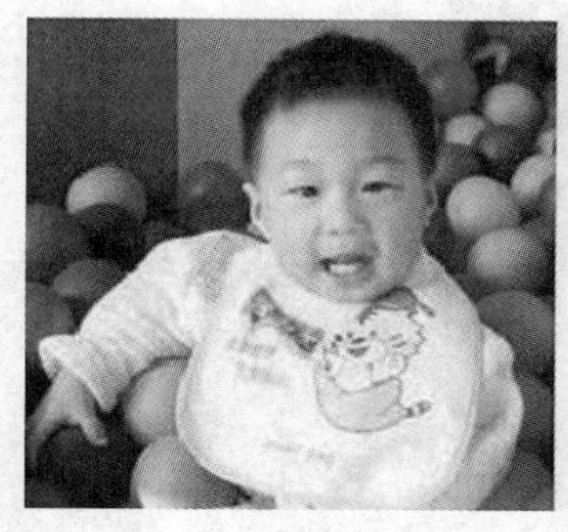

图 4-70 原图与网点处理效果对比

【打点模式】:指加工位图的每个像素点时,激光是一直开着,还是每个像素点开指定时间。

【调整点功率】:指加工位图的每个像素点时,激光是否根据像素点的灰度调节功率。

单击扫描模式的【扩展】按钮,会弹出如图 4-73 所示的位图扫描扩展参数对话框。【Y 向扫描】:表示加工位图时按 Y 方向逐行扫描。【位图扫描行增量】:表示加工位图时是逐行扫描还是隔行扫描,隔行扫描在精度要求不高时可提高加工速度。

2. 位图直接打标实战技能训练

1) 位图直接打标训练项目

(1) 位图直接打标技能训练任务:将个人的彩色证件照片处理成打标机可接受的位图文

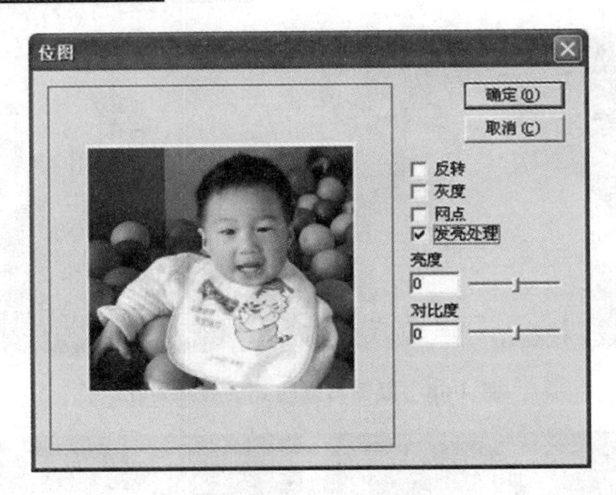

图 4-71 位图处理扩展方法对话框

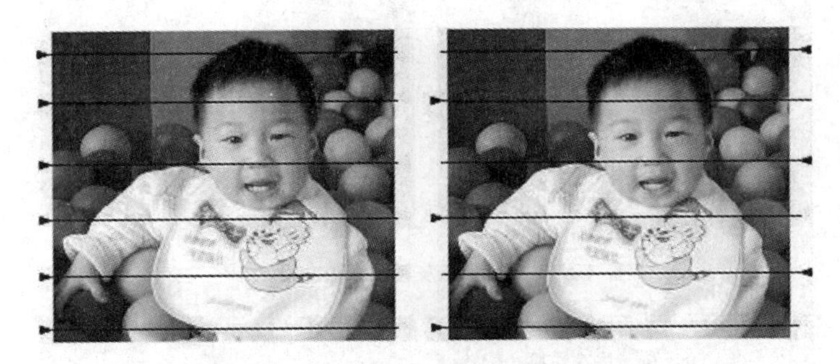

图 4-72 单向扫描与双向扫描效果对比

件并在金属名片上制作合格的位图样品，如图 4-74(a)、(b)所示。

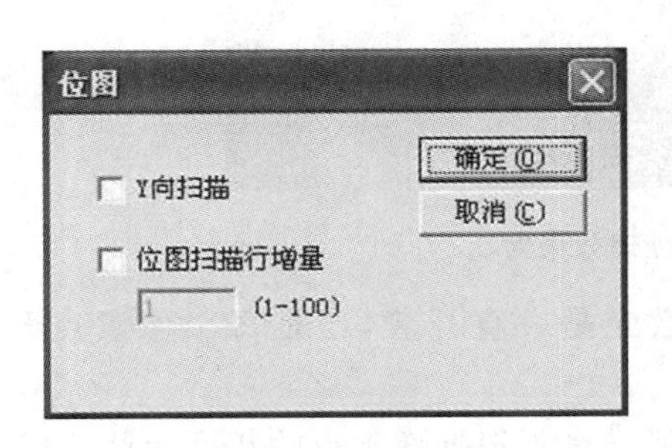

图 4-73 位图扫描扩展参数对话框

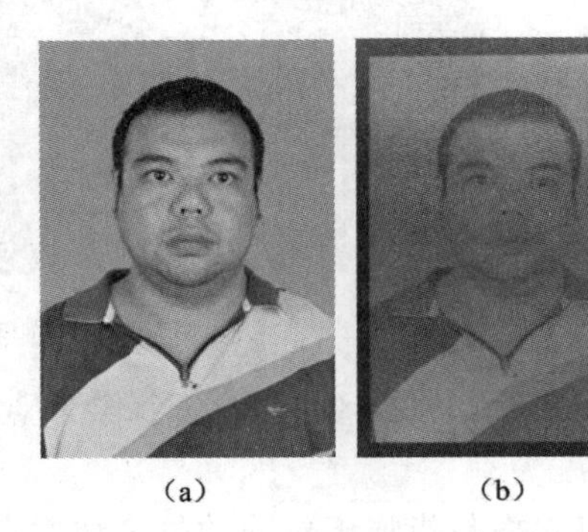

(a) (b)

图 4-74 位图直接打标技能训练任务

(2) 位图直接打标技能训练要求如下。

① 打标后照片清晰，层次分明。

② 标准照片的尺寸为 2 寸。

2) 完成位图直接打标图形处理和加工过程

完成位图直接打标图形处理和加工过程，填写工作记录表 4-10。

表 4-10 位图直接打标工作记录表

加工步骤	工作内容	工作记录
位图图案参数设置	导入位图	
	设定位图尺寸大小	
	设定灰度和网点	
	判断位图是否需要反转	
	判断位图是否需要发亮处理,如需处理,设定对比度与亮度	
	设定扫描方式	
	判断位图分辨率,是否需要使用固定 DPI,如需要应设定固定 DPI	
打标参数调整	设定打标速度	
	设定打标功率	
	设定打标频率	
	设定打点模式和打点时间	

3）打标工作过程评估

进行位图直接打标工作过程评估,填写表 4-11。

表 4-11 位图直接打标操作技能训练过程评估表

工作环节	主要内容	配分	得分
位图图案参数设置 55 分	正确导入位图	5	
	正确设定位图大小	5	
	正确设定灰度和网点	10	
	正确判断位图是否需要反转	5	
	正确判断位图是否需要发亮处理,如需处理,正确设定对比度与亮度	15	
	正确设定扫描方式	5	
	正确判断位图分辨率,是否需要使用固定 DPI,如需使用,设定固定 DPI	10	
打标参数调整 35 分	正确设定打标速度,不出现速度过快导致打轻、看不清或速度过慢导致打重、打糊现象	5	
	正确设定打标功率,不出现功率过小导致打轻、看不见或功率过大导致打重、打糊现象	5	
	正确设定打标频率,不出现频率过小导致激光点分离或频率过大激光点能量不够、看不清现象	5	
	正确设定打点模式和打点时间,不出现打点时间太长导致打出的照片整体无层次感或打点时间太短导致打出的照片太轻、不清楚现象	20	
现场规范 10 分	人员安全规范	5	
	设备场地安全规范	5	
合计		100	
(1) 注重安全意识,严守设备操作规程,不发生各类安全事故。 (2) 注重成本意识,保证设备完好无损,尽可能节约训练耗材。			

4.2.5 旋转打标知识与技能训练

1. 旋转打标知识与信息搜集

1）旋转打标简介

（1）扩展轴分割标刻功能：旋转打标是打标机扩展轴分割标刻功能的实际应用之一。

打标机扩展轴分割标刻功能主要是为了解决小幅面振镜系统标刻大幅面产品所产生的问题。振镜系统无法完成产品幅面大于场镜幅面标刻任务，为了得到大幅面标刻产品，我们把大幅面产品分割成多个小于场镜幅面的部分分别标刻，通过控制运动系统使这些分别打出的部分又能很好地组成一个完整的大幅面产品，如图 4-75(a)、(b)、(c)所示。

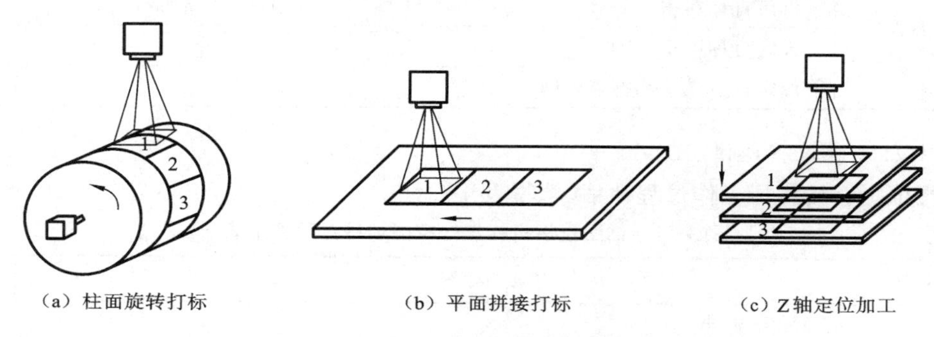

（a）柱面旋转打标　（b）平面拼接打标　（c）Z轴定位加工

图 4-75　单轴分割标刻功能示意图

（2）扩展轴分割标刻有三个类型。

① 柱面旋转拼图加工：柱面旋转拼图加工（柱面旋转打标）时，激光在柱面上焦距变化较大，激光聚焦在工件的能量变化较大，焦距两侧加工效果越差，所以加工柱面工件时要设定一个分割尺寸使得误差在允许范围内。

② 平面拼图加工：平面拼图加工可以通过扩展轴带动工作平台移动扩大加工范围，也就是把大幅面图案分割成多个小于场镜幅面图案分别标刻出每一部分，通过控制工作台运动使这些分别打出的部分图案又能组成一个完整大幅面产品。

③ Z 轴定位加工：在 EzCad 2.0.0 中的每个图形对象都有 Z 轴位置坐标，加工前系统通过扩展轴拖动工作台运动到对象对应的 Z 轴位置。

（3）扩展轴分割标刻方式。

① 单轴分割标刻：单轴分割标刻是单独使用控制卡上扩展轴 A 的脉冲和方向输出信号控制一路步进电动机运动，步进电动机拖动工作平台运动或转轴旋转运动，同时配合两路振镜打标输出，标刻出大幅面内容或者在圆柱面上加工。

② 双轴分割标刻。双轴分割标刻是同时使用控制卡上扩展轴 A 和 B 的脉冲和方向输出信号控制二路步进电动机运动，步进电动机拖动工作平台运动，同时配合两路振镜打标输出，标刻出大幅面内容。

2）分割标刻方法

（1）进入分割标刻状态：EzCad 2.0.0 软件的 plug 目录下的 splitmark2. plg 文件是扩展

轴分割标刻模块文件。

EzCad 2.0.0 启动时会自动在 plug 目录显示此文件，找到此文件后在系统的【激光】菜单栏会生成【分割标刻 2】菜单，如图 4-76 所示。

(2) 设置扩展轴参数：单击菜单栏【激光(L)】按钮下的【分割标刻 2】，弹出如图 4-77 所示的标刻参数对话框。

图 4-76 进入分割标刻状态

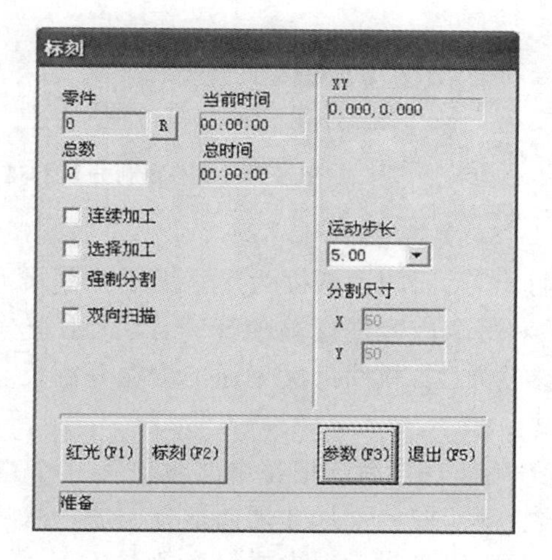

图 4-77 扩展轴标刻对话框

【运动步长】：是用户每一次按键盘移动扩展轴时工作台移动的距离，转轴运动是圆周运动的距离。按【Page Up】键增加运动步长，按【Page Down】键减小运动步长。

当扩展轴为 X 轴时，按键盘【Ctrl＋Left】键一次可以使扩展轴 X 向左移动一个当前步长的距离；按键盘【Ctrl＋Right】键一次可以使扩展轴 X 向右移动一个当前步长的距离。

当扩展轴为 Y 轴时，按键盘【Ctrl＋Down】键一次可以使扩展轴 Y 向前移动一个当前步长的距离；按键盘【Ctrl＋Up】键一次可以使扩展轴 Y 向后移动一个当前步长的距离。

当扩展轴为 Z 轴时，按键盘【Ctrl＋Down】键一次可以使扩展轴 Z 向下移动一个当前步长的距离；按键盘【Ctrl＋Up】键一次可以使扩展轴 Z 向上移动一个当前步长的距离。

【分割尺寸】：指在拼图加工时，与扩展轴对应的振镜轴每次所加工的尺寸范围。分割尺寸的大小直接影响拼图加工的时间和效果。

【零件】：显示框为灰色，不可人为更改的显示，它表示当前加工工件的数目，是随计算机自动变化的。它后面的【R】按钮为清零按钮。

【总数】：在使用【选择加工】时，限定加工总数，当加工数目达到要求时，软件自动停止加工。

【连续加工】：勾选表示软件会不停地加工，直到人为停止。

【选择加工】：勾选表示软件只加工在显示框中选中的内容。

【强制分割】：指在加工一个图形对象时，无论子对象的尺寸有多大，都将按照分割尺寸把图形分割成一块块相邻的图形块进行加工。图 4-78(a)是不强制分割时的分割示意图，图 4-78(b)为选择强制分割的分割示意图，此时系统把两个内容作为一个整体从左到右进行分割标刻(图示为 X 项分割，Y 项相同)。

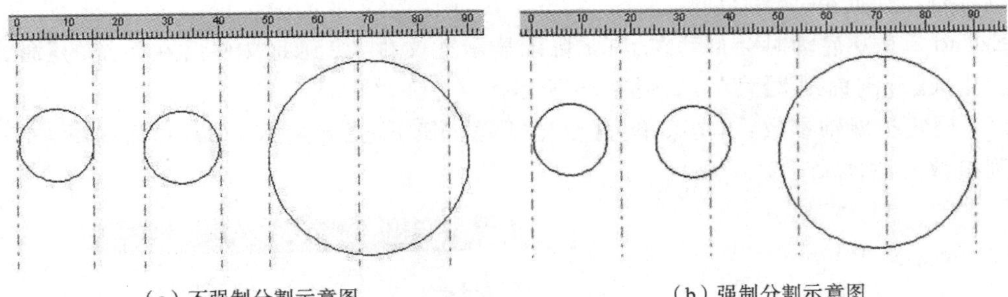

（a）不强制分割示意图　　（b）强制分割示意图

图 4-78 【不强制分割】与【强制分割】效果对比

在图 4-78(a)中，前两个小圆尺寸小于分割尺寸，在不使用强制分割时，软件把它们单独一次完整打出，后面的大圆因为尺寸大于分割尺寸，软件就会进行分割。即在不使用强制分割时，软件对每个内容进行单独计算，尺寸小于分割尺寸时采用一次加工，尺寸大于分割尺寸时采用多次加工，软件每次只加工出在分割尺寸范围内的内容，剩余的部分会在电动机运动后加工。

在图 4-78(b)中，系统把整个文本作为一个整体从左到右进行分割标刻，无论子对象的尺寸有多大，都按照分割尺寸把图形分割成一块块相邻的图形块进行加工。

一般而言，应该尽量减少拼接次数。

3）单扩展轴功能参数

(1) 单扩展轴功能开启设置：单击【标刻】对话框中的【参数】按钮，弹出如图 4-79 所示的扩展轴配置参数界面，勾选【使能】，激活扩展轴 1 功能。

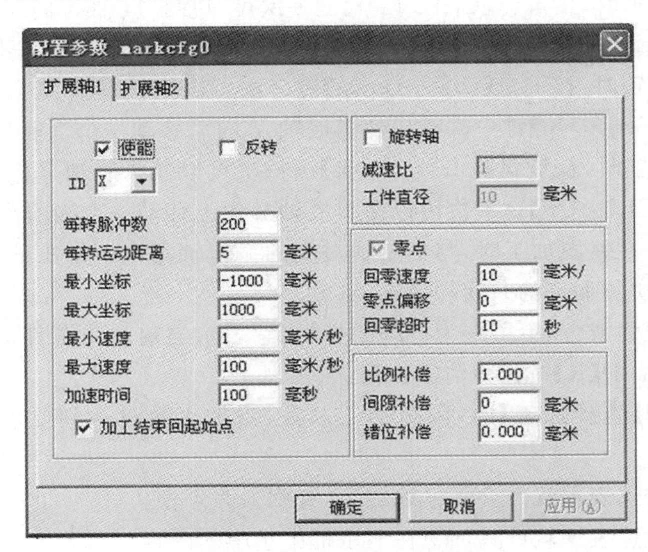

图 4-79 扩展轴配置参数

(2) 各参数的功能定义。

【使能】：使能当前扩展轴，选中此项，则表示扩展轴可用。

【ID】：设置当前扩展轴对应的轴号。ID 为 X 时，系统进行 X 轴方向的拼图加工；ID 为 Y

时，系统进行 Y 轴方向的拼图加工；ID 为 Z 时，系统进行 Z 轴方向的定位加工。

扩展轴 ID 设置方法：首先设置加工图形的 X 轴与平台运动的 X 轴方向一致（参照 EzCad 2.0.0使用说明书关于振镜的设置方法），根据加工图形的分割需求来设定扩展轴的 ID。

例如，要加工一个 500 mm×20 mm 的矩形，场镜范围只有 100 mm，设置 ID 为 X，在 X 轴方向进行分割，调整工作台运动方向与软件默认坐标系的 X 轴方向平行。如果需要加工一个 20 mm×500 mm 的矩形，设置 ID 为 Y，调整工作台运动方向与软件默认的坐标系的 Y 轴方向平行（也可以在软件中调整图形方向，把图形旋转 90°后按 X 轴方向进行分割）。

【每转脉冲数】：扩展轴步进电动机旋转一周所需要的脉冲数。计算软件所需要的每转脉冲数 X 的公式为

$$X=(360/N)\cdot n$$

式中：X 表示每转脉冲数；N 表示步进电动机步距角；n 表示驱动器设定的细分数。

【每转运动距离】：在平台运动时，扩展轴电动机旋转一周时相应轴的直线运动距离。

【最小坐标】：扩展轴运动的最小逻辑坐标。当扩展轴运动的目标坐标小于最小逻辑坐标时，系统会提示超出加工范围。

【最大坐标】：扩展轴能运动的最大逻辑坐标。当扩展轴运动的目标坐标大于最大逻辑坐标时，系统会提示超出加工范围。

【最小速度】：扩展轴能运动的最小速度。

【最大速度】：扩展轴能运动的最大速度。

【加速时间】：扩展轴从最小速度加速运动到最大速度所需要的时间。

【加工结束回起始点】：在加工完毕时，让扩展轴移动回到加工前平台所在的位置。

【旋转轴】：选中表示设置当前扩展轴为旋转轴，运动方式为旋转运动，否则表示使用的是平面拼图加工或是 Z 轴定位加工。

【减速比】：电动机直接连接到转轴上，减速比为 1；有减速机构时则为减速机构的减速比。

【工件直径】：当前加工工件直径，是旋转轴计算运动距离的重要参数。

【零点】：当前扩展轴是否有零点信号。

扩展轴没有使能零点信号，无法建立一个绝对坐标系。所以在加工一批工件时，需要人为调整位置让每次加工都在同一个位置加工。为了方便，每次加工都在同一个位置加工，系统每次加工前都把当前扩展轴位置作为默认的原点位置，当加工一个工件完毕时，系统自动把扩展轴移动回到开始加工前的位置，这样加工每个工件都会在同一位置。

扩展轴使能了，零点信号使用扩展轴功能时会自动寻找零点，找到零点后扩展轴就建立了一个绝对坐标系。如果系统没有找到零点，那么它会在【零点超时】设定的时间结束后才正常启动扩展轴功能。连接零点要使用常开开关而且只能使用输入口 0。

【回零速度】：扩展轴寻找零点信号时的运动速度。

【零点偏移】：扩展轴寻找到零点信号后离开零点的距离。

【回零超时】：扩展轴寻找零点时所用的时间，如果超过这个时间系统就会提示【回零超时】。

(3) 勾选【零点】后标刻界面变成如图 4-80 所示的界面，各参数的功能定义如下。

单击【原点】按钮，会弹出如图 4-81 所示的【设置原点】对话框，可以设置当前扩展轴的原点位置。用户可在 X、Y 后直接输入原点坐标，也可以单击【(D)设置当前点为原点】按钮自动设置当前坐标为原点坐标。

单击【特例运动】按钮，会弹出【特例运动】对话框，如图 4-82 所示。

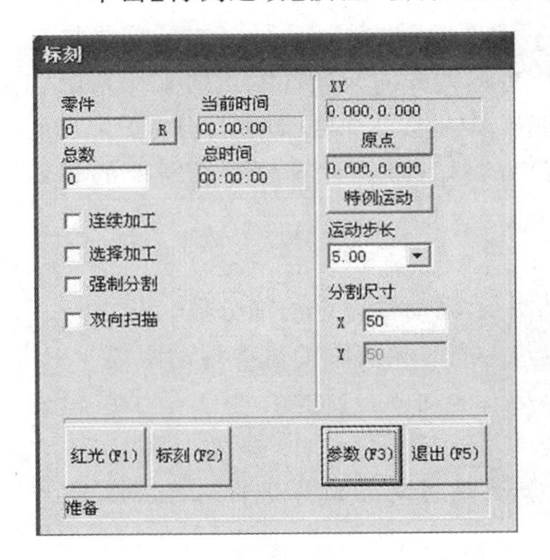

图 4-80 勾选【零点】后的标刻界面

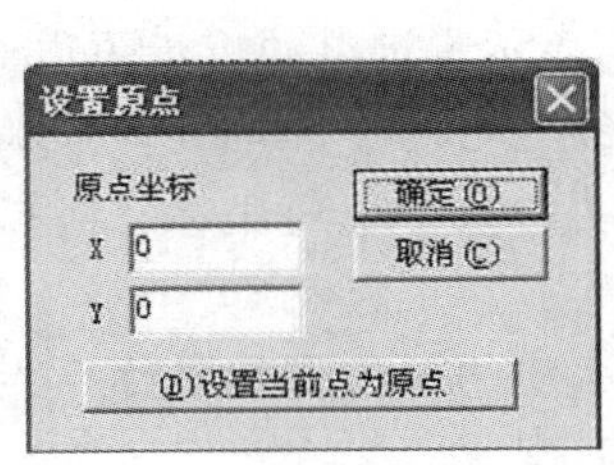

图 4-81 设置原点对话框

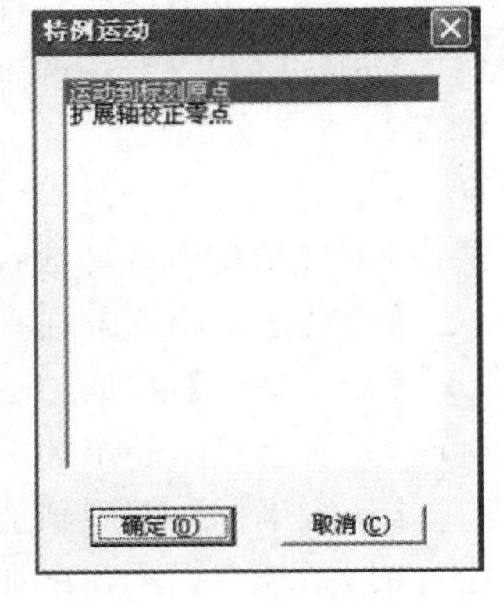

图 4-82 【特例运动】对话框

【运动到标刻原点】：指使当前扩展轴运动到设置的原点位置。

【扩展轴校正零点】：指使当前扩展轴自动寻找零点信号并复位坐标系。

【错位补偿】：如果拼接参数设置合理，器件连接正确，那么拼接好的打标图案应如图 4-83(a)所示。如果拼接好的打标图案出现如图 4-83(b)所示的拼接错位，可以使用【错位补偿】功能进行有规律的补偿。

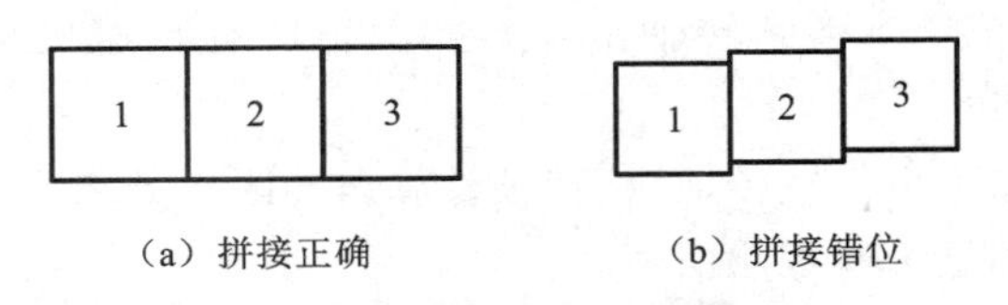

(a) 拼接正确　　(b) 拼接错位

图 4-83 【错位补偿】功能示意图

【错位补偿】参数改变与实际效果变化趋势的关系是：如果图 4-83(a)所示的加工标准效果的错位补偿为 1，图 4-83(b)所示的错位补偿过小。如果调节参数变大，则会出现相反的效果(错位是向下偏移)。

2. 旋转打标实战技能训练

1) 旋转打标训练项目

(1) 旋转打标技能训练任务：将图 4-84 所示的打标图案均匀打标在直径 20 mm 的圆环形物料上，制作出合格的位图样品。

(2) 旋转打标技能训练要求。

① 打标图形在物件首尾相接。

图 4-84 旋转打标图案

② 打标图形无明显接缝。

(3) 旋转打标技能训练的设备条件。

① 带旋转功能的激光打标机。

② 与激光打标机配套的旋转台。

③ 直径 20 mm 的圆环形物料。

2) 完成旋转打标技能训练项目

完成旋转打标技能训练项目,填写工作记录表 4-12。

表 4-12 旋转打标操作工作记录表

加工步骤	工作内容	工作记录
旋转打标设置调整	装夹工件于旋转台	
	通过工件直径计算工件周长,并按周长设定图案长度	
	设定填充角度与填充线间距	
	选择旋转打标种类	
	选择分割方式	
	设定工件直径	
	设定旋转打标分割值	
打标参数调整	设定打标速度	
	设定打标功率	
	设定打标频率	
	设定旋转台旋转速度	

3) 旋转打标技能训练过程评估

进行旋转打标技能训练过程评估,填写表 4-13。

表 4-13 旋转打标操作技能训练过程评估表

工作环节	主要内容	配分	得分
旋转设置调整 60分	正确装夹工件于旋转台,不偏不斜	5	
	正确通过工件直径计算工件周长并按周长设定图案长度	10	
	正确选择填充角度并正确设定填充线间距	10	
	正确根据图案选择旋转方式	10	
	正确选择分割方式	5	
	正确设定工件直径	10	
	正确设定旋转打标分割值	10	

续表

工作环节	主要内容	配分	得分
打标参数调整 30分	正确设定打标速度，不出现速度过快导致打轻、看不清或速度过慢导致打重、打糊现象	5	
	正确设定打标功率，不出现功率过小导致打轻、看不见或功率过大导致打重、打糊现象	5	
	正确设定打标频率，不出现频率过小导致激光点分离或频率过大导致激光点能量不够、看不清现象	5	
	正确设定旋转台旋转速度，不出现旋转速度太慢影响加工效率或旋转速度太快造成电动机抖动现象	15	
现场规范 10分	人员安全规范	5	
	设备场地安全规范	5	
合计		100	

（1）注重安全意识，严守设备操作规程，不发生各类安全事故。
（2）注重成本意识，保证设备完好无损，尽可能节约训练耗材。

5 激光打标材料知识与技能训练

5.1 非金属材料打标知识与技能训练

5.1.1 PVC 材料打标知识与技能训练

1. PVC 材料打标信息搜集

1）PVC 材料打标主要产品

PVC 即聚氯乙烯材料，具有很好的电气绝缘和化学稳定性，在经过适当的改性处理后，还具有阻燃性、高强度及优良的几何稳定性，广泛应用于各类管道和门窗结构、各类电气开关插座和电缆，以及各类日常用品中，也是激光打标最常用的材料之一，如图 5-1 所示。

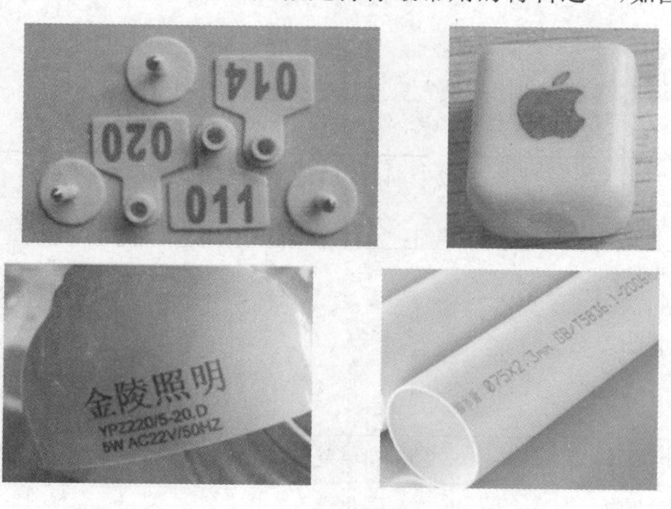

图 5-1　PVC 材料打标产品示例

2）PVC 材料打标主要设备

PVC 材料打标可以用 CO_2 激光打标机打出黄红色的标志，但色彩不够美观。半导体激光打标机能打出与油墨喷码机相像的黑色，这种应用越来越多地运用在 PVC 材料上。

3）PVC 材料打标效果

在 PVC 材料上用激光打标会出现下列三种情况。

（1）激光强度很低时，激光不能对材料产生作用，打不上痕迹。

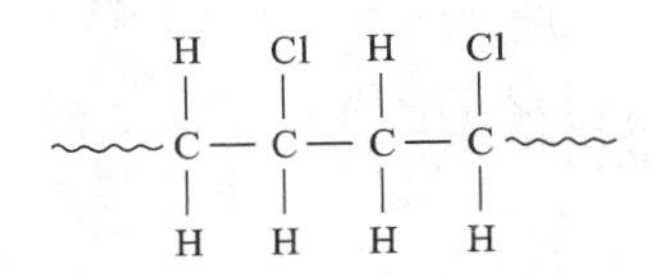

图 5-2 PVC 材料分子结构

（2）当激光强度适中时，激光开始与材料产生反应。PVC 材料分子结构如图 5-2 所示，受到激光作用后 PVC 材料分解为氯化氢和碳原子，氯化氢挥发后留下碳原子形成碳化色差。

（3）若大幅度提高激光强度或重复打标，会造成碳化过度、烧焦甚至产生裂纹。

4）PVC 材料打标注意事项

（1）如果在正焦点上打标，离焦高度为 0，由于 PVC 材料对光和热比较敏感，离焦高度小，容易出现大面积烧焦情况。

（2）目测打标底纹：线条清晰可见，说明填充间距太大；底纹均匀平整，说明填充间距合适；底纹碳化堆积严重，则说明填充间距太小、功率太大或速度太慢；底纹可见清晰激光点，说明速度太快，或工作频率太低。

（3）产品颜色以 RAL 工业国际标准色卡对照表目测对照为准。

2. PVC 材料打标技能训练工作任务

PVC 材料打标技能训练的工作任务是利用激光打标机完成 PVC 材料打标全过程，包括以下工作。

（1）选择不同的激光打标机。

（2）调整打标工艺参数，得到文字清晰美观、与材料底色有明显色差的打标产品。

（3）记录、总结主要工艺参数变化对打标效果的影响。

3. PVC 材料打标实战技能训练

PVC 材料打标实战技能训练，填写工艺参数测试表 5-1。

表 5-1 PVC 材料打标工艺参数测试表

<table>
<tr><td colspan="7">PVC 材料打标工艺参数测试表</td></tr>
<tr><td>测试人员</td><td colspan="3"></td><td colspan="2">测试日期</td><td></td></tr>
<tr><td>作业要求</td><td colspan="6">材料型号：

质量要求：</td></tr>
<tr><td rowspan="2">设备参数记录</td><td>机型</td><td></td><td>功率范围</td><td></td><td>速度范围</td><td></td></tr>
<tr><td>频率范围</td><td></td><td>焦距</td><td></td><td></td><td></td></tr>
</table>

续表

PVC材料打标工艺参数测试记录								
测试次数	第1次	第2次	第3次	第4次	第5次	第6次	第7次	第8次
离焦高度								
打标次数								
速度								
功率								
频率								
填充角度								
填充线间距								
底纹								
颜色								

打标质量及质量改进措施	
打标速度影响	
打标功率影响	
打标频率影响	
填充线间距影响	
质量改进措施	

5.1.2 亚克力打标知识与技能训练

1. 亚克力材料打标信息搜集

1）亚克力材料打标主要产品

亚克力是聚甲基丙烯酸甲酯（PMMA）板材，俗称有机玻璃，具有水晶般的透明度、极佳的加工性能、丰富的板材颜色等优势，无色透明亚克力是激光打标最常用的材料之一，如图5-3所示。

图5-3 亚克力激光打标产品

2）亚克力材料打标主要设备

亚克力材料的可见光透过率高达 92%，波长小于 1800 nm 的红外线也可以透过。波长大于 1800 nm、小于 25000 nm 时则基本上可被吸收。所以波长为 10640 nm 的 CO_2 激光打标机常常用来对亚克力打标。

3）亚克力材料打标效果

亚克力材料受热后易熔化不易碳化，激光作用在上面不会产生明显的碳化色差，而是以高于材料熔点的定域增温引起材料熔化为主，一旦熔化的材料冷却固化，经过改性的表面以蚀刻的形式形成细小沟槽，肉眼观察到的是其产生的漫反射淡白色磨砂痕迹。

4）无色透明亚克力材料打标注意事项

（1）目测打标底纹：底纹线条清晰可见，说明填充线间距太大；底纹均匀平整呈磨砂痕，说明填充线间距、功率、工作频率、速度合适。底纹整片连接成半透明状、无明显漫反射，说明填充线间距太小，或功率太大，或速度太慢，或频率太高。底纹可见清晰单个激光点，说明速度太快，或频率太低。

（2）颜色以肉眼观察到磨砂质感、淡白色为最佳。

2. 亚克力打标技能训练工作任务

亚克力打标技能训练的工作任务是利用激光打标机完成无色透明亚克力材料打标全过程，主要包括以下工作。

（1）选择不同的激光打标机。

（2）调整打标工艺参数，使激光打标出来的文字、图案清晰美观。

（3）记录、总结主要工艺参数变化对打标效果的影响。

3. 无色透明亚克力打标实战技能训练

无色透明亚克力打标实战技能训练，填写工艺参数测试表 5-2。

表 5-2 无色透明亚克力材料打标工艺参数测试表

<table>
<tr><td colspan="9">无色透明亚克力材料打标工艺参数测试表</td></tr>
<tr><td>测试人员</td><td colspan="3"></td><td colspan="2">测试日期</td><td colspan="3"></td></tr>
<tr><td>作业要求</td><td colspan="8">材料型号：
质量要求：</td></tr>
<tr><td rowspan="2">设备参数记录</td><td>机型</td><td></td><td>功率范围</td><td></td><td>速度范围</td><td></td></tr>
<tr><td>频率范围</td><td></td><td>焦距</td><td></td><td></td><td></td></tr>
<tr><td colspan="9">无色透明亚克力材料打标工艺参数测试记录</td></tr>
<tr><td>测试次数</td><td>第 1 次</td><td>第 2 次</td><td>第 3 次</td><td>第 4 次</td><td>第 5 次</td><td>第 6 次</td><td>第 7 次</td><td>第 8 次</td></tr>
<tr><td>离焦高度</td><td></td><td></td><td></td><td></td><td></td><td></td><td></td><td></td></tr>
<tr><td>打标次数</td><td></td><td></td><td></td><td></td><td></td><td></td><td></td><td></td></tr>
</table>

续表

无色透明亚克力材料打标工艺参数测试记录								
测试次数	第1次	第2次	第3次	第4次	第5次	第6次	第7次	第8次
速度								
功率								
频率								
填充角度								
填充线间距								
底纹								
颜色								
打标质量及质量改进措施								
打标速度影响								
打标功率影响								
打标频率影响								
填充线间距影响								
质量改进措施								

5.1.3 皮革打标知识与技能训练

1. 皮革打标信息搜集

1）皮革材料打标主要产品

皮革可以分为真皮、合成皮、人造革、PU革等不同材料，也是激光打标最常用的材料，如图5-4所示。

2）皮革材料打标主要设备

激光对皮革的作用主要是材料气化和碳化燃烧。

(1) 皮革材料对光纤及半导体激光打标机等产生的激光吸收率极低，只有当能量密度过高、温度过高时会造成皮革的碳化燃烧，此碳化燃烧不均匀，留下的打标痕迹不美观，所以一般不采用1064 nm激光的激光打标机对皮革材料进行打标。

(2) 皮革材料对CO_2激光打标机产生的激光吸收率很高，能使皮革的真皮层快速气化。露出真皮层纤维组织层，纤维组织层与真皮层颜色的差别形成了真皮皮革激光打标色差，如图5-5所示。

3）皮革材料打标注意事项

(1) 如果在正焦点上打标，离焦高度为0，离焦后光斑变大，功率密度不集中，容易造成真皮层不气化或者燃烧不均匀的碳化现象。

(2) 目测打标底纹：线条清晰可见，说明填充线间距太大。底纹露出纤维组织层，说明填充

图 5-4 皮革打标产品

图 5-5 真皮皮革结构

线间距、功率、频率、速度合适，效果最佳。底纹焦黑、碳化结块，说明填充线间距太小，或功率太大，或速度太慢，或频率太高。底纹模或真皮表层未打掉，不均匀，说明功率太小或速度太快。

(3) 打标后颜色应基本与皮革纤维组织层颜色相同。

2. 皮革打标技能训练工作任务

皮革打标技能训练的工作任务是利用激光打标机完成皮革材料打标全过程，主要包括以下工作。

(1) 选择不同的激光打标机。

(2) 调整打标工艺参数使激光打标出来的文字、图案清晰美观。

(3) 记录、总结主要工艺参数变化对打标效果的影响。

3. 皮革材料打标实战技能训练

皮革材料打标实战技能训练，填写工艺参数测试表 5-3。

表 5-3 皮革材料打标工艺参数测试表

皮革材料打标工艺参数测试表								
测试人员				测试日期				
作业要求	材料型号： 质量要求：							
设备参数记录	机型		功率范围		速度范围			
	频率范围		焦距					
皮革材料打标工艺参数测试记录								
测试次数	第 1 次	第 2 次	第 3 次	第 4 次	第 5 次	第 6 次	第 7 次	第 8 次
离焦高度								
打标次数								
速度								
功率								
频率								
填充角度								
填充线间距								
底纹								
颜色								
打标质量及质量改进措施								
打标速度影响								
打标功率影响								
打标频率影响								
填充线间距影响								
质量改进措施								

5.1.4 木制品打标知识与技能训练

1. 木制品打标信息搜集

1）木制品打标主要产品

木材可以分为原木（未加工的木材）和胶合板两大类材料，是激光打标最常用的材料，如图 5-6 所示。

图 5-6 木材打标产品

2）木制品打标主要设备

波长为 10640 nm 的 CO_2 激光打标机常常用来对木制品打标。

3）木制品打标效果

（1）原木：原木很容易打标。浅色桦木、樱桃木或者枫木很容易被激光气化，木质致密一些的硬木，打标时用更大的激光功率即可。

木制品打标分深度打标和表面打标两种。深度打标的激光功率一般设置较高，如遇到较硬的木材可能会使打标后的图形颜色变得较深。如想使颜色浅一些，可提高打标速度多打几遍。某些木材在打标时会产生一些油烟附在木头表面，若木材上已刷有油漆可用湿布将其小心擦去，如果未上油漆可能会擦不干净，造成成品表面污损。

（2）胶合板：在胶合板上打标与在木材上打标没有本质区别，但打标后容易碳化发黑，要注意打标深度不可太深，并注意胶合板是使用哪类木材制造的。

4）木制品打标注意事项

（1）如果在正焦点上打标，离焦高度为 0，离焦后光斑变大，功率密度不集中，容易造成木制品气化或者燃烧不均匀的碳化现象。

（2）目测打标底纹：线条稀疏清晰可见，说明填充线间距太大。底纹灼烧处平整均匀，带有原始木质美感，说明填充线间距、功率、频率、速度合适，效果最佳。底纹焦黑，碳化结块，说明填充线间距太小，或功率太大，或速度太慢，或频率太高。底纹灼烧处纹理分布不均匀，说明功率太小，或速度太快。

（3）颜色基本与木材原色大致相同，或有轻微灼烧碳化色，无漆黑碳化结块色。

2. 木制品打标技能训练工作任务

木制品打标技能训练的工作任务是利用激光打标机完成木制品打标全过程，主要包括以下工作。

（1）选择不同的激光打标机。

（2）调整打标工艺参数使激光打标出来的文字、图案清晰美观。

（3）记录、总结主要工艺参数变化对打标效果的影响。

3. 木制品打标实战技能训练

木制品打标实战技能训练，填写工艺参数测试表 5-4。

表 5-4 木制品打标工艺参数测试表

<table>
<tr><td colspan="9">木质材料打标工艺参数测试表</td></tr>
<tr><td>测试人员</td><td colspan="3"></td><td colspan="3">测试日期</td><td colspan="2"></td></tr>
<tr><td>作业要求</td><td colspan="8">材料型号：
质量要求：</td></tr>
<tr><td rowspan="2">设备参数记录</td><td>机型</td><td></td><td>功率范围</td><td></td><td>速度范围</td><td></td><td colspan="2"></td></tr>
<tr><td>频率范围</td><td></td><td>焦距</td><td></td><td></td><td></td><td colspan="2"></td></tr>
<tr><td colspan="9">木质材料打标工艺参数测试记录</td></tr>
<tr><td>测试次数</td><td>第 1 次</td><td>第 2 次</td><td>第 3 次</td><td>第 4 次</td><td>第 5 次</td><td>第 6 次</td><td>第 7 次</td><td>第 8 次</td></tr>
<tr><td>离焦高度</td><td></td><td></td><td></td><td></td><td></td><td></td><td></td><td></td></tr>
<tr><td>打标次数</td><td></td><td></td><td></td><td></td><td></td><td></td><td></td><td></td></tr>
<tr><td>速度</td><td></td><td></td><td></td><td></td><td></td><td></td><td></td><td></td></tr>
<tr><td>功率</td><td></td><td></td><td></td><td></td><td></td><td></td><td></td><td></td></tr>
<tr><td>频率</td><td></td><td></td><td></td><td></td><td></td><td></td><td></td><td></td></tr>
<tr><td>填充角度</td><td></td><td></td><td></td><td></td><td></td><td></td><td></td><td></td></tr>
<tr><td>填充线间距</td><td></td><td></td><td></td><td></td><td></td><td></td><td></td><td></td></tr>
<tr><td>底纹</td><td></td><td></td><td></td><td></td><td></td><td></td><td></td><td></td></tr>
<tr><td>颜色</td><td></td><td></td><td></td><td></td><td></td><td></td><td></td><td></td></tr>
<tr><td>深度</td><td></td><td></td><td></td><td></td><td></td><td></td><td></td><td></td></tr>
<tr><td colspan="9">打标质量及质量改进措施</td></tr>
<tr><td colspan="2">打标速度影响</td><td colspan="7"></td></tr>
<tr><td colspan="2">打标功率影响</td><td colspan="7"></td></tr>
<tr><td colspan="2">打标频率影响</td><td colspan="7"></td></tr>
<tr><td colspan="2">填充线间距影响</td><td colspan="7"></td></tr>
<tr><td colspan="2">质量改进措施</td><td colspan="7"></td></tr>
</table>

5.2 金属材料打标知识与技能训练

5. 2. 1 不锈钢材料打标知识与技能训练

1. 不锈钢材料打标信息搜集

1）不锈钢材料打标主要产品

不锈钢是当今世界用途最广泛的工程材料，是激光打标最常用的材料之一，如图 5-7(a)、

(b)所示的不锈钢黑白打标和彩色打标。

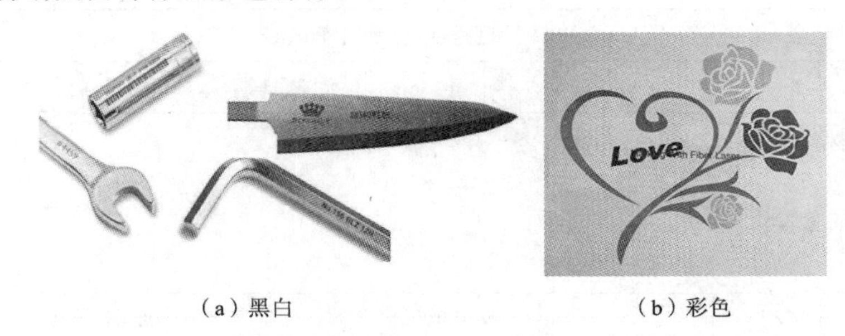

（a）黑白 （b）彩色

图 5-7 不锈钢黑白打标和彩色打标产品

2）不锈钢材料打标视觉效果

不锈钢材料打标后的视觉效果大致可以分为白色、黑色和彩色三个大类。

（1）白色视觉效果：用短脉冲、低能量、正离焦的激光光束在不锈钢上打标，使得不锈钢表面材料部分气化并少量熔化，熔化材料在氧化之前重新固化，这样得到的激光凹坑累积成面会造成漫反射效应，肉眼观察为白色。图 5-8 所示的是放大以后的不锈钢白色视觉效果示意图。

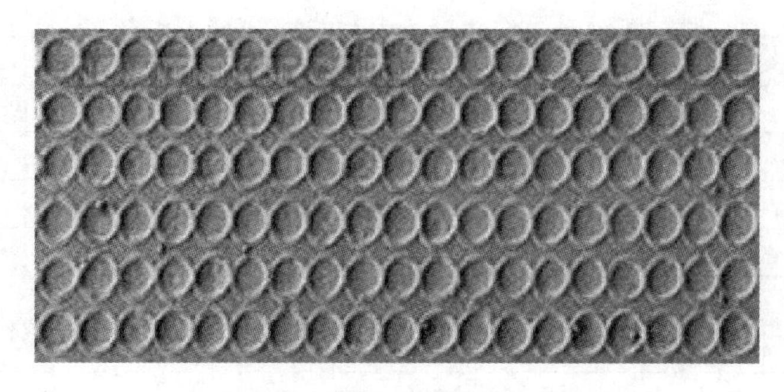

图 5-8 不锈钢白色视觉效果示意图

（2）黑色视觉效果：离焦并降低激光光束功率密度，使激光点不能瞬间气化形成激光点凹坑，激光将被不锈钢吸收转换成热能，再使用高频率、低速度工艺使热能更加集中，不锈钢材料在不熔化的情况下，氧化生成深色氧化物堆积成面，形成黑色视觉效果，此时对比度非常高，但并不会对材料表面的粗糙度或者纹理产生显著的影响。

（3）彩色视觉效果：不锈钢彩色视觉效果有两种形成机制。

① 不锈钢中金属元素氧化产物颜色：不锈钢在激光光束作用下，表面生成的氧化物本身会呈现不同颜色。表 5-5 所示的为不锈钢表层经激光作用氧化后几种主要氧化物的颜色。

表 5-5 不锈钢表层经激光作用氧化后主要氧化物颜色

氧化物	Fe_3O_4	Fe_2O_3	FeO	Cr_2O_3	CrO_3	MnO	MnO_2
颜色	黑色	红棕色	黑色	绿色	暗红色	绿色	黑褐色

② 无色透明氧化膜干涉效应呈现颜色：在激光光束作用下，不锈钢表面会形成一层无色透明氧化物薄膜，会产生干涉现象，如图 5-9 所示。

一束包含光线1和光线2的可见光线入射到氧化膜表面，在氧化膜表面同时发生反射和折射。光线1在空气-氧化膜表面的反射光线是1′，光线2在空气-氧化膜表面折射进入氧化膜，在氧化膜-不锈钢表面发生反射，最终出射光线2′；当光线1的反射光线1′与光线2′重合时形成干涉光束。

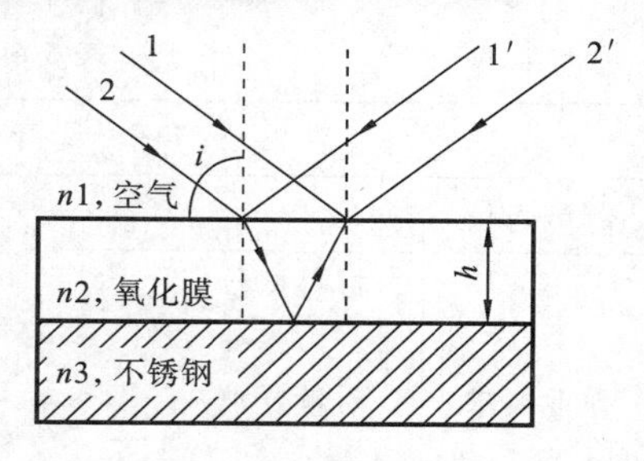

图5-9 无色透明氧化膜干涉效应呈现颜色示意图

可见光是由红、橙、黄、绿、青、蓝、紫七种颜色组成的复合光，理论上可以证明，发生干涉后哪种颜色的光被加强主要取决于氧化膜的厚度；在合适的角度下，随着氧化物薄膜厚度的增加，激光打标呈现的颜色会按紫→蓝→青→绿→黄→橙→红的顺序变化。

理论上也可以证明，人眼观察角度不一样，氧化膜呈现的颜色也会不一样。

研究表明，激光光束能量密度与薄膜厚度成近似正比关系，通过控制激光能量密度可以在不锈钢制品上打出想要的颜色。

值得注意的是，不锈钢彩色打标并未形成广阔市场，因为加工速度很慢而且其色调很难复制或者匹配PANTONE（国际色卡）标准，同时氧化物的稳定性也不太好。

3）不锈钢材料打标主要设备

不锈钢激光打标的主流设备有半导体激光打标机和光纤激光打标机两种。

这两种激光打标机的激光波长在1060～1064 nm范围，所以打标效果极其相似。半导体激光打标机光斑模式更好，特别是对不锈钢黑色打标的效果非常理想。光纤激光打标机频率非常高，打标速度比半导体激光打标机快2～3倍。

4）不锈钢材料打标注意事项

（1）不锈钢材料白色打标需要正焦，选择高速度、低能量、低频率、填充线间距大等工艺参数，避免激光点热量堆积形成氧化物、漫反射形成的颜色不够白。

（2）不锈钢材料黑色打标需要离焦，选择低速度、高功率、高频率、填充线间距小等工艺参数，让激光热量堆积、充分氧化不锈钢表面。

（3）不锈钢材料彩色打标需要离焦，选择低速度、低功率、高频率、填充线间距小等工艺参数，利用打标次数和功率精确控制氧化膜厚度以达到不同颜色的效果。彩色颜色以目测对照RAL工业国际标准色卡对照表。

2. 不锈钢材料打标技能训练工作任务

不锈钢材料打标技能训练的工作任务是利用激光打标机完成不锈钢材料打标全过程，主要包括以下工作。

（1）选择不同的激光打标机。

（2）调整打标工艺参数，使激光打标出来的文字、图案清晰美观，分别呈现白色、黑色、彩色（红、橙、黄、绿、青、蓝、紫七彩任选一种或几种）效果。

（3）记录、总结主要工艺参数变化对打标效果的影响。

3. 不锈钢材料打标操作实战技能训练

不锈钢材料打标操作实战技能训练，填写工艺参数测试表5-6。

表 5-6　不锈钢材料打标工艺参数测试表

不锈钢材料打标工艺参数测试表								
测试人员					测试日期			
作业要求	材料型号： 质量要求：							
设备参数记录	机型		功率范围		速度范围			
	频率范围		焦距					
不锈钢材料打标工艺参数测试记录								
测试次数	第 1 次	第 2 次	第 3 次	第 4 次	第 5 次	第 6 次	第 7 次	第 8 次
离焦高度								
打标次数								
速度								
功率								
频率								
填充角度								
填充线间距								
底纹								
颜色								
深度								
打标质量及质量改进措施								
打标速度影响								
打标功率影响								
打标频率影响								
填充线间距影响								
质量改进措施								

5.2.2　铝合金材料打标知识与技能训练

1. 铝合金材料打标信息搜集

1）铝合金打标主要产品

铝合金是工业生产中应用最广泛的一类银白色有色金属材料，通常见到是做过阳极氧化的铝合金(即表面附了多种颜色基的三氧化二铝合金),是激光打标最常用的材料之一,图5-10所示的是铝合金打标主要产品。

图 5-10 铝合金打标主要产品

2) 铝合金打标视觉效果

铝合金材料打标后的视觉效果大致可以分为白色和黑色两大类。

(1) 白色视觉效果:使用1064 nm波长激光打标机对铝合金表面打标时,激光光束作用在材料表面瞬间气化氧化层,露出铝合金银白色本体凹坑,凹坑堆积成面造成漫反射形成白色标识,类似不锈钢打标。

如果铝合金白色打标时效果呈现灰白色,可能有以下两种情况。

① 激光打标深度不够,没有穿透氧化层,三氧化二铝本色为白色,凹坑所呈现的漫反射为灰白色,在不同角度观察颜色深浅不同。发生此现象一般是激光打标机功率太小、或频率太高、或速度太快造成的。

② 激光打标深度穿透了氧化层,但打标功率密度太高,激光光束不但气化了铝合金氧化层,还造成了铝合金本体氧化,再次生成了铝合金氧化物粉尘附着在凹坑中,此氧化物为白色,所以凹坑所呈现的漫反射为灰白色。如果氧化物太多,甚至观察到的漫反射有时为淡灰黑色,此时应离焦并适当降低激光功率,或者加快打标速度以降低功率密度。

(2) 黑色视觉效果:使用脉宽可调MOPA激光打标机,在2～8 ms脉冲宽度激光光束作用下,很短时间内将膜厚为5～20 μm的氧化层进一步氧化。由于氧化物粒子大小为纳米级材料,对可见光吸收增加,反射可见光很少,肉眼观察为黑色视觉效果。

应选择高功率、短Q脉冲宽度、高频率、高填充密度等工艺参数进行铝合金黑色打标操作。如果效果发白,一般是由于激光功率过高或Q脉冲宽度太宽,原因类似白色视觉效果打标。

3) 铝合金打标注意事项

(1) 白色视觉效果可采用大光斑(比如离焦或者使用长焦距聚焦透镜)、高速度、相对低能量、低频率、低密度填充线间距等工艺参数,避免激光光束热量堆积形成氧化物进入激光点凹坑造成漫反射形成的颜色不够白。白色打标的白底纹以目测为准。

(2) 黑色视觉效果需要使用MOPA光纤激光器,采用慢速度、中低功率、高频率及高密度填充线间距等工艺参数。白色或黑色颜色判断目测对照RAL工业国际标准色卡对照表。

2. 铝合金材料打标技能训练工作任务

铝合金材料打标技能训练的工作任务是利用激光打标机完成铝合金材料打标全过程,

主要包括以下工作。

(1) 选择相应的激光打标机。

(2) 调整打标工艺参数，使激光打标出来的文字、图案清晰美观，分别呈现白色和黑色视觉效果。

(3) 记录、总结主要工艺参数变化对打标效果的影响。

3. 铝合金材料打标操作实战技能训练

铝合金材料打标操作实战技能训练，填写工艺参数测试表 5-7。

表 5-7 铝合金材料打标工艺参数测试表

铝合金材料打标工艺参数测试表						
测试人员			测试日期			
作业要求	材料型号： 质量要求：					
设备参数记录	机型		功率范围		速度范围	
	频率范围		焦距			

铝合金材料打标工艺参数测试记录								
测试次数	第 1 次	第 2 次	第 3 次	第 4 次	第 5 次	第 6 次	第 7 次	第 8 次
离焦高度								
打标次数								
速度								
功率								
频率								
填充角度								
填充线间距								
Q 脉冲宽度								
底纹								
颜色								
深度								

打标质量及质量改进措施	
打标速度影响	
打标功率影响	
打标频率影响	
填充线间距影响	
质量改进措施	

6

激光打标典型产品知识与实战技能训练

6.1 金属名片激光打标知识与实战技能训练

6.1.1 金属名片激光打标信息搜集

1. 金属名片激光打标技能训练工作任务

金属名片激光打标技能训练工作任务是选择合适的激光打标机，在阳极氧化铝金属原料上完成一张金属名片的选材、版面设计、激光打标和质量检验全过程，如图 6-1(a)、(b)、(c)所示。

2. 搜集阳极氧化铝质金属名片激光打标过程信息

1) 阳极氧化铝质金属名片材料特性

铝及铝合金在空气中形成疏松多孔非晶态不均匀自然氧化膜层，厚度为 40～50 Å，不具备防护及装饰性功能。

在工业和日常生活中，广泛采用阳极氧化方法在铝及铝合金表面生成氧化膜层，再经染色处理得到各种色彩鲜艳的表面。氧化膜厚度可达 10～25 μm，且具有高硬度、高耐磨性、耐腐蚀性、良好的绝缘性和耐高温(1500 ℃)。

2) 名片构成要素

名片构成要素是指构成名片的各种素材，如各类标志、图案、文字等，大致可以分为两类，如图 6-2(a)所示。

(1) 造型构成要素如下。

① 标志，俗称公司 LOGO，是用图案或文字造型设计并注册的商标或企业标志。

② 图案，形成名片特有的花纹或色块。

③ 轮廓，主要是指几何边框形状。

（a）金属名片材料

（b）版面设计

（c）激光打标

图 6-1　阳极氧化铝质金属名片激光打标技能训练工作任务

（2）方案构成要素如下。

① 名片持有人的姓名及职务。

② 名片持有人的单位及地址。

③ 名片持有人的联系方式，有电话及二维码等。

④ 业务领域。

3）*名片排版设计*

在名片设计的各项构成要素里要突出重点，如公司标志、姓名、职位及联系方式一般比其他内容显著一些，公司地址、传真之类的字体一般较小。

名片内容选定后，可以按用户的设想在CorelDRAW软件中对各构成要素进行名片排版设计，名片尺寸一般为90 mm×55 mm，可以采用横排或竖排方式排版，如图6-2(b)所示。

（a）构成要素

公司LOGO　公司名称　公司英文名称
二维码　姓名　职位　手机号码
邮箱　电话与传真　地址　花纹

（b）排版设计

图 6-2　名片构成要素及排版设计示意图

名片排版设计中，要注意内容与金属名片边沿之间的距离、字体、二维码大小等，最后用卡尺测量名片各部分之间的尺寸大小。

3. 阳极氧化铝质金属名片激光打标设备

阳极氧化铝质金属名片打标采用1064 nm波长的激光打标机,如光纤激光打标机、半导体激光打标机等。

6.1.2 制订工作计划和技能训练

1. 制订金属名片激光打标工作计划

制订阳极氧化铝质金属名片激光打标工作计划,填写表6-1。

表6-1 阳极氧化铝质金属名片激光打标工作计划表

序号	工作流程	主要工作内容	
1	任务准备	材料准备	
		设备准备	
		场地准备	
		资料准备	
2	制订金属名片激光打标工作计划	1	
		2	
		3	
		4	
3	注意事项		

2. 金属名片激光打标实战技能训练

(1) 进行阳极氧化铝质金属名片激光打标图形处理,填写表6-2。

表6-2 阳极氧化铝质金属名片激光打标图形处理过程

序号	作业内容	作业要求	作业记录
1	图形绘制	用CorelDRAW绘制金属名片的大概框架、文字内容并描出公司LOGO及花纹	
		在打标软件中编辑二维码内容,生成相应的二维码	
2	内容尺寸与位置确定	确定公司名字体、尺寸及其在金属名片中的位置关系尺寸	
		确定公司LOGO尺寸及其在金属名片中的位置关系尺寸	
		确定姓名字体、尺寸及其在金属名片中的位置关系尺寸	
		确定职位字体、尺寸及其在金属名片中的位置关系尺寸	
		确定手机号码字体、尺寸及其在金属名片中的位置关系尺寸	
		确定邮箱字体、尺寸及其在金属名片中的位置关系尺寸	

续表

序号	作业内容	作业要求	作业记录
2	内容尺寸与位置确定	确定电话及传真字体、尺寸及其在金属名片中的位置关系尺寸	
		确定公司地址字体、尺寸及其在金属名片中的位置关系尺寸	
		确定花纹尺寸及其在金属名片中的位置关系尺寸	
3	图形整合	将CorelDRAW中排版绘制好的部分导出成PLT格式，并导入至打标软件中	
		将打标软件中编辑的二维码放至导入的名片图形中	
4	图形精度	图形线条平滑，无明显尖角、凸点	
		节点数量尽可能少	
		直线、圆、方形、弧线等标准形状规范	
		多条线段连接处无虚接、线条重复现象	

（2）确定阳极氧化铝质金属名片打标工艺参数，填写工艺参数测试表6-3。

表6-3 阳极氧化铝质金属名片激光打标工艺参数测试表

阳极氧化铝质金属名片激光打标工艺参数测试表						
测试人员			测试日期			
作业要求	材料型号： 加工要求：颜色白，热影响小，无发灰现象					
设备参数记录	机型		功率范围		速度范围	
	频率范围		焦距			
金属名片激光打标工艺参数测试记录						
测试次数	第1次	第2次	第3次	第4次	参数确认	
焦距高度						
打标速度						
打标功率						
打标频率						
填充线间距						
效果对比						
金属名片激光打标质量及质量改进措施						
打标功率影响						
打标频率影响						
打标速度影响						
打标线间距影响						
质量改进措施						

(3) 完成阳极氧化铝质金属名片激光打标过程，填写工作记录表 6-4。

表 6-4 阳极氧化铝质金属名片激光打标工作记录表

加工步骤	工作内容	工作记录
加工定位	金属名片安装固定	
	设备定位设置	
	试打标预览定位	
	偏差位置调整处理	
切割加工	图纸数据导入	
	工艺参数导入	
	加工操作	
	加工后处理	

(4) 进行阳极氧化铝质金属名片打标技能训练过程评估，填写表 6-5。

表 6-5 阳极氧化铝质金属名片激光打标技能训练过程评估表

工作环节	主要内容	配分	得分
图形处理 20 分	图形格式正确	5	
	图形尺寸准确	5	
	图形内容位置尺寸正确	5	
	图形精度正确	5	
工艺参数 25 分	焦距准确	5	
	打标速度正确	5	
	功率大小正确	5	
	频率大小正确	5	
	填充线间距正确	5	
产品质量 15 分	打标效果白	5	
	金属名片不变形	5	
	打标后实物图案位置准确	5	
技能评估 30 分	在规定时间内完成给定图形处理任务	10	
	在规定时间内完成工艺参数设置任务	10	
	在规定时间内完成产品加工任务	10	
现场规范 10 分	人员安全规范	5	
	设备场地安全规范	5	
合计		100	

(1) 注重安全意识，严守设备操作规程，不发生各类安全事故。

(2) 注重成本意识，保证设备完好无损，尽可能节约训练耗材。

6.2 不锈钢餐具激光打标知识与实战技能训练

6. 2. 1 不锈钢餐具激光打标信息搜集

1. 不锈钢餐具激光打标技能训练工作任务

不锈钢餐具激光打标技能训练的工作任务是选择合适的激光打标机在曲柄汤勺的柄部完成图案设计、激光打标和质量检验全过程，要求在汤勺柄部曲面处产生打标白色视觉效果，汤勺柄部平面处产生打标黑色视觉效果，如图 6-3 所示。

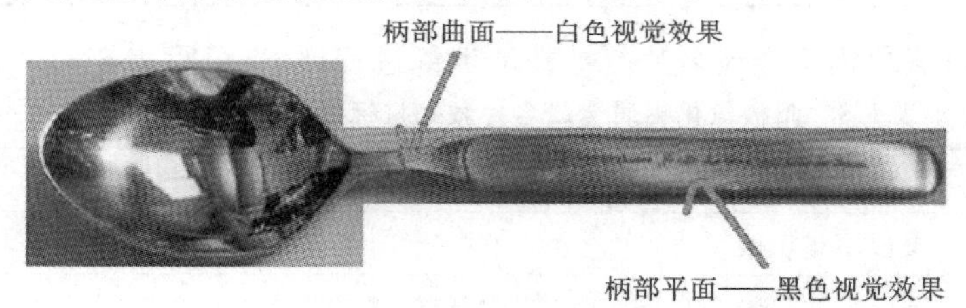

图 6-3 不锈钢餐具激光打标技能训练工作任务

2. 搜集不锈钢餐具激光打标过程信息

1）不锈钢餐具激光打标设备

不锈钢餐具打标采用 1064 nm 波长的光纤激光打标机或半导体激光打标机。

2）不锈钢汤勺打标定位方式

由于不锈钢汤勺有一个弯曲柄部，激光打标时应制作一个定位夹具让汤勺柄部大致呈水平状态放置，如图 6-4 所示。

3）不锈钢汤勺打标焦点设置

（1）如果采用普通 1064 nm 波长的激光打标机，打出黑色视觉效果需要离焦完成，打出白色视觉效果需要在正焦点上完成，所以柄部曲面处和柄部平面处需要分成两次打标，分别以不同的焦点产生两种不同的效果。

（2）如果采用 MOPA 光纤激光打标机，黑白两色视觉效果都可以在正焦点上打标完成。

（3）尽管定位夹具可以让汤勺柄部大致呈水平状态放置，但由于勺柄略微带有一定弧度，所以正焦点应该设置在弧度最高点和最低点合适位置，比如大致中间位置，如图 6-5 所示。

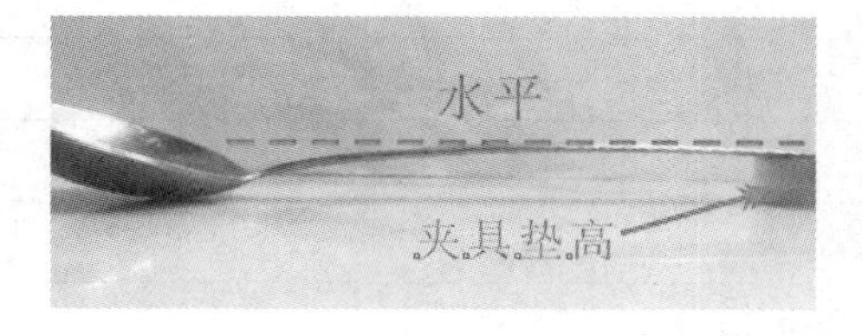

图 6-4 不锈钢汤勺定位方式示意图

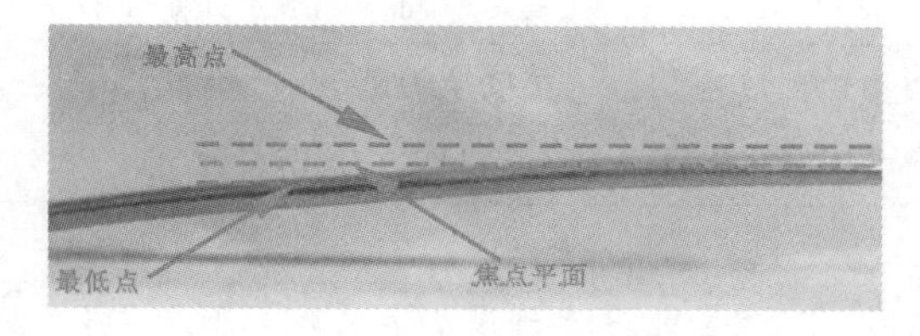

图 6-5 不锈钢汤勺打标焦点位置示意图

4）不锈钢汤勺打标图案素材

由于汤勺或者筷子之类的不锈钢餐具都是长条形器具，打标图案素材也以长条形花纹为主，总的要求是图形对比鲜明、容易加工，位图和矢量图均可，如图 6-6 所示。

图 6-6 不锈钢汤勺打标图案素材

图案内容选定后就可以在 CorelDRAW 软件中进行描图和绘图工作，这里不再赘述。

6.2.2 制订工作计划及技能训练

1. 制订不锈钢餐具激光打标工作计划

制订不锈钢餐具激光打标工作计划，填写表 6-6。

表 6-6 不锈钢餐具激光打标工作计划表

序号	工作流程	主要工作内容	
1	任务准备	材料准备	
		设备准备	
		场地准备	
		资料准备	
2	制订不锈钢餐具激光打标工作计划	1	
		2	
		3	
		4	
3	注意事项		

2. 不锈钢餐具激光打标实战技能训练

（1）进行不锈钢餐具激光打标图形处理，填写表 6-7。

表 6-7 不锈钢餐具激光打标图形处理过程

序号	作业内容	作业要求	作业记录
1	图形格式	用 CorelDRAW 或 AutoCAD 将位图转化为矢量图，保存为 DXF 格式或 PLT 格式	
2	图形尺寸与分层	图形尺寸与汤勺勺柄尺寸匹配	
		打黑与打白部分分开，用两种颜色区分	

续表

序号	作业内容	作业要求	作业记录
3	图形精度	图形线条平滑,无明显尖角、凸点	
		节点数量尽可能少	
		直线、圆、方形、弧线等标准形状规范	
		多条线段连接处无虚接、线条重复现象	

(2)确定不锈钢餐具打标工艺参数,填写不锈钢餐具激光打标工艺参数测试表6-8。

表6-8 不锈钢餐具激光打标工艺参数测试表

不锈钢餐具激光打标工艺参数测试表						
测试人员			测试日期			
作业要求	材料型号: 加工要求:颜色黑白分明,热影响小,无发灰现象					
设备参数记录	机型		功率范围		速度范围	
	频率范围		焦距			
不锈钢餐具激光打标工艺参数测试记录						
测试次数	第1次	第2次	第3次	第4次	参数确认	
打黑焦距高度						
打黑打标速度						
打黑打标功率						
打黑打标频率						
打黑填充线间距						
打白焦距高度						
打白打标速度						
打白打标功率						
打白打标频率						
打白填充线间距						
效果对比						
不锈钢餐具激光打标质量及质量改进措施						
打标功率影响						
打标频率影响						
打标速度影响						
打标线间距影响						
焦距影响						
质量改进措施						

(3) 完成不锈钢餐具激光打标过程训练，填写工作记录表 6-9。

表 6-9 不锈钢餐具激光打标工作记录表

加工步骤	工作内容	工作记录
加工定位	不锈钢餐具固定	
	设备定位设置	
	试打标预览定位	
	偏差位置调整处理	
切割加工	图纸数据导入	
	工艺参数导入	
	加工操作	
	加工后处理	

(4) 进行不锈钢餐具激光打标技能训练过程评估，填写表 6-10。

表 6-10 不锈钢餐具激光打标加工技能训练过程评估表

工作环节	主要内容	配分	得分
图形处理 15 分	图形格式正确	5	
	图形尺寸准确	5	
	图形精度正确	5	
工艺参数 25 分	焦距准确	5	
	打标速度正确	5	
	功率大小正确	5	
	频率大小正确	5	
	填充线间距正确	5	
产品定位 5 分	产品定位稳固，打标部位保持基本水平	5	
产品质量 15 分	图标打白色效果	5	
	图标打黑色效果	5	
	打标后实物图案位置准确	5	
技能评估 30 分	在规定时间内完成给定图形处理任务	10	
	在规定时间内完成工艺参数设置任务	10	
	在规定时间内完成产品加工任务	10	
现场规范 10 分	人员安全规范	5	
	设备场地安全规范	5	
合计		100	

(1) 注重安全意识，严守设备操作规程，不发生各类安全事故。

(2) 注重成本意识，保证设备完好无损，尽可能节约训练耗材。

6.3 PVC工卡激光打标知识与实战技能训练

6.3.1 PVC工卡激光打标信息搜集

1. PVC工卡激光打标技能训练工作任务

PVC工卡激光打标技能训练工作任务是选择合适的激光打标机，在空白PVC卡上完成一张PVC工卡的选材、版面设计、激光打标和质量检验全过程，如图6-7(a)、(b)、(c)所示。

(a) PVC工卡材料

(b) 版面设计

(c) 激光打标

图6-7 PVC工卡激光打标技能训练工作任务示意图

2. 搜集PVC工卡激光打标过程信息

PVC工卡材料特性见第5章PVC材料激光打标的介绍，工卡内容与第6.1.1节中名片构成要素一节类似，甚至内容更加简洁，特别要求是在工卡上用激光打出清晰可见的位图，如图6-8所示的工卡排版设计，在第4.2.4节位图打标知识与技能训练中也有完整描述。

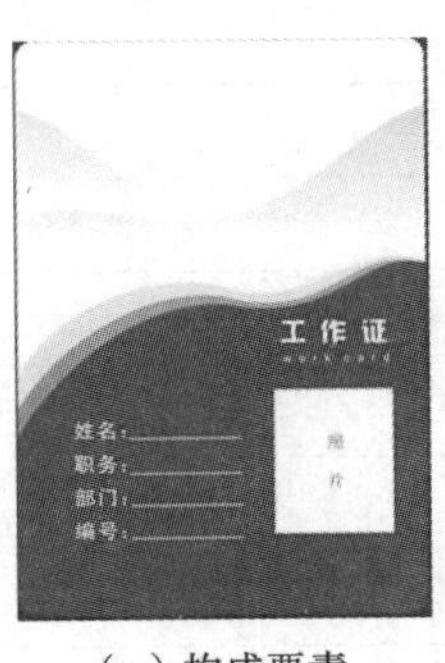

(a) 构成要素

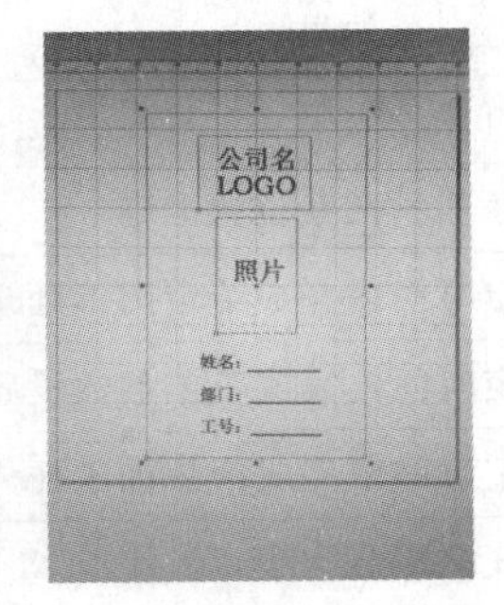

(b) 排版设计

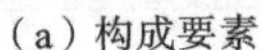

图6-8 名片构成要素及排版设计示意图

3. PVC工卡激光打标设备

PVC工卡打标采用1064 nm激光打标机，如光纤激光打标机和半导体激光打标机等。

6.3.2 制订工作计划与技能训练

1. 制订PVC工卡激光打标工作计划

PVC工卡激光打标工作计划，填写表6-11。

表6-11 PVC工卡激光打标工作计划

序号	工作流程	主要工作内容	
1	任务准备	材料准备	
		设备准备	
		场地准备	
		资料准备	
2	制订PVC工卡激光打标工作计划	1	
		2	
		3	
		4	
3	注意事项		

2. PVC工卡激光打标实战技能训练

(1) 进行PVC工卡激光打标图形处理，填写表6-12。

表6-12 PVC工卡激光打标图形处理过程

序号	作业内容	作业要求	作业记录
1	图形绘制	用CorelDRAW绘制PVC工卡的大概框架、文字内容并描出公司LOGO及花纹	
		在打标软件中导入所选照片，进行灰度、网点、亮度及对比度、分辨率处理	
2	内容尺寸与位置确定	确定公司名字体或公司LOGO尺寸及其在PVC工卡中的位置关系尺寸	
		确定姓名字体、尺寸及其在PVC工卡中的位置关系尺寸	
		确定所在部门名字体、尺寸及其在PVC工卡中的位置关系尺寸	
		确定工号字体、尺寸及其在PVC工卡中的位置关系尺寸	
		确定照片尺寸及其在PVC工卡中的位置关系尺寸	
3	图形整合	将CorelDRAW中排版绘制好部分导出成PLT格式并导入打标软件中	
		将打标软件中处理好的照片放至导入的工卡图形中	

续表

序号	作业内容	作 业 要 求	作业记录
4	图形精度	图形线条平滑，无明显尖角、凸点	
		节点数量尽可能少	
		直线、圆、方形、弧线等标准形状规范	
		多条线段连接处无虚接、线条重复现象	

（2）确定 PVC 工卡打标工艺参数，填写工艺参数测试表 6-13。

表 6-13 PVC 工卡激光打标工艺参数测试表

PVC 工卡激光打标工艺参数测试表					
测试人员			测试日期		
作业要求	材料型号： 加工要求：颜色黑，照片清晰，无烧焦现象				
设备参数记录	机型		功率范围		速度范围	
	频率范围		焦距			
PVC 工卡激光打标工艺参数测试记录					
测试次数	第 1 次	第 2 次	第 3 次	第 4 次	参数确认
焦距高度					
打标速度					
打标功率					
打标频率					
填充线间距					
照片打点时间					
照片亮度					
照片对比度					
效果对比					
PVC 工卡激光打标质量及质量改进措施					
打标功率影响					
打标频率影响					
打标速度影响					
打标线间距影响					
照片打点时间影响					
质量改进措施					

(3) 完成 PVC 工卡打标过程训练，填写工作记录表 6-14。

表 6-14 PVC 工卡激光打标工作记录表

加工步骤	工作内容	工作记录
加工定位	PVC 工卡安装固定	
	设备定位设置	
	试打标预览定位	
	偏差位置调整处理	
打标加工	图纸数据导入	
	工艺参数导入	
	加工操作	
	加工后处理	

(4) 进行 PVC 工卡激光打标技能训练过程评估，填写表 6-15。

表 6-15 PVC 工卡激光打标技能训练过程评估表

工作环节	主要内容	配分	得分
图形处理 30 分	图形尺寸准确	5	
	图形内容位置尺寸正确	5	
	图形精度正确	5	
	灰度网点处理正确	5	
	照片亮度对比度处理正确	5	
	判断照片是否反向正确	5	
工艺参数 30 分	焦距准确	5	
	打标速度正确	5	
	功率大小正确	5	
	频率大小正确	5	
	填充线间距正确	5	
	照片激光打标时间正确	5	
产品质量 15 分	打标效果黑，无烧焦现象	5	
	照片清晰层次分明	5	
	打标后实物图案位置准确	5	
技能评估 15 分	在规定时间内完成给定图形处理任务	5	
	在规定时间内完成工艺参数设置任务	5	
	在规定时间内完成产品加工任务	5	

续表

工 作 环 节	主 要 内 容	配分	得分
现场规范 10 分	人员安全规范	5	
	设备场地安全规范	5	
合计		100	
(1) 注重安全意识,严守设备操作规程,不发生各类安全事故。 (2) 注重成本意识,保证设备完好无损,尽可能节约训练耗材。			

6.4 环形不锈钢戒指激光打标知识与实战技能训练

6.4.1 环形不锈钢戒指制作信息搜集

1. 环形不锈钢戒指激光打标技能训练工作任务

环形不锈钢戒指激光打标技能训练工作任务是选择合适的激光打标机,利用打标机的旋转打标功能完成一个环形不锈钢戒指激光打标的选材、图形处理设计、激光打标和质量检验全过程,如图 6-9 所示。

图 6-9 环形不锈钢戒指激光打标技能训练工作任务

2. 搜集环形不锈钢戒指激光打标过程信息

1) 环形不锈钢戒指激光打标图形处理要求

(1) 图形素材:环形不锈钢戒指打标图案素材可以根据个人爱好在网络上搜集,总的要求是图形对比鲜明、容易加工,位图或矢量图均可,如图 6-10 所示。

图 6-10 环形不锈钢戒指激光打标图案素材示意图

(2) 图形展开:环形不锈钢戒指平面展开图是一个有着严格尺寸要求的长方形。

如果环形不锈钢戒指的图案是连续图案，则要求图案应首尾相接，尺寸严格满足要求，如图 6-11(a)所示。如果是分段图案，则首尾衔接空余尺寸与图案中衔接空余尺寸应严格相等，如图 6-11(b)所示。

(a) 连续图案

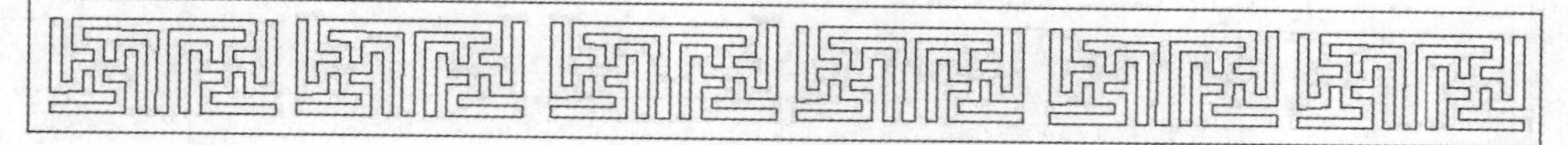

(b) 分段图案

图 6-11　镂空戒指图纸处理要求

2) 材料选择与后处理工艺

制作环形不锈钢戒指主要材料是高合金钢，建议使用 SUS316L 医用不锈钢，至少是 SUS304 不锈钢。环形不锈钢戒指激光打标后可以直接使用，不必做后处理。

6.4.2 制订工作计划与技能训练

1. 制订环形不锈钢戒指激光打标工作计划

制订环形不锈钢戒指激光打标工作计划，填写表 6-16。

表 6-16　环形不锈钢戒指激光打标工作计划表

序号	工作流程	主要工作内容	
1	任务准备	材料准备	
		设备准备	
		场地准备	
		资料准备	
2	制订环形不锈钢戒指激光打标工作计划	1	
		2	
		3	
		4	
3	注意事项		

2. 环形不锈钢戒指激光打标实战技能训练

(1) 完成环形不锈钢戒指激光打标图形处理，填写表 6-17。

(2) 确定环形不锈钢戒指激光打标工艺参数，填写工艺参数测试表 6-18。

表 6-17　环形不锈钢戒指激光打标图形处理过程

序号	作业内容	作业要求	作业记录
1	图形格式	用 CorelDRAW 或 AutoCAD 将位图转化为矢量图,保存为 DXF 格式或 PLT 格式	
2	图形尺寸	图形长度为不锈钢戒指周长	
		图案宽度小于或等于戒指宽度	
		图形环绕后应首尾相接	
3	图形精度	图形线条平滑,无明显尖角、凸点	
		节点数量尽可能少	
		直线、圆、方形、弧线等标准形状规范	
		多条线段连接处无虚接、线条重复现象	

表 6-18　环形不锈钢戒指激光打标工艺参数测试表

环形不锈钢戒指激光打标工艺参数测试表						
测试人员				测试日期		
作业要求	打标边缘整齐,热影响小,无发黄发黑现象					
设备参数记录	机型		功率范围		速度范围	
	频率范围		焦距		打标范围	
	旋转驱动细分		旋转台类型			
环形不锈钢戒指激光打标工艺参数测试记录						
测试次数	第 1 次	第 2 次	第 3 次	第 4 次	参数确认	
焦距高度						
打标速度						
旋转速度						
每转脉冲数						
每转分割值						
功率						
频率						
填充线间距						
填充角度						
效果对比						

续表

环形不锈钢戒指打标质量及质量改进措施	
旋转速度的影响	
填充角度的影响	
每转分割值的影响	
每转脉冲数的影响	
打标尺寸精度	
质量改进措施	
旋转首尾衔接效果	

（3）完成环形不锈钢戒指激光打标加工制作过程，填写工作记录表 6-19。

表 6-19 环形不锈钢戒指激光打标工作记录表

加工步骤	工作内容	工作记录
加工定位	戒指与旋转台的固定	
	旋转台首尾衔接测试	
	设备定位设置	
	试打标预览定位	
	偏差位置调整处理	
打标加工	图纸数据导入	
	工艺参数导入	
	加工操作	
	加工后处理	

（4）进行环形不锈钢戒指激光打标加工技能训练过程评估，填写表 6-20。

表 6-20 环形不锈钢戒指激光打标技能训练过程评估表

工作环节	主要内容	配分	得分
图形处理 15 分	图形格式正确	5	
	图形尺寸准确	5	
	图形精度正确	5	
工艺参数 35 分	焦距准确	5	
	打标速度正确	5	
	旋转速度正确	5	
	功率、频率大小正确	5	
	填充角度正确	5	
	旋转驱动细分与每转脉冲数匹配正确	5	
	旋转每转分割值正确	5	

续表

工作环节	主要内容	配分	得分
产品质量 25分	图案清晰无重影	5	
	每转分割无接缝	5	
	产品尺寸准确	5	
	图案位置准确	5	
	首尾衔接准确	5	
技能评估 15分	在规定时间内完成给定图形处理任务	5	
	在规定时间内完成工艺参数设置任务	5	
	在规定时间内完成产品加工任务	5	
现场规范 10分	人员安全规范	5	
	设备场地安全规范	5	
合计		100	
(1) 注重安全意识，严守设备操作规程，不发生各类安全事故。 (2) 注重成本意识，保证设备完好无损，尽可能节约训练耗材。			

6.5 矿泉水瓶编号流水线激光飞行打标知识与实战技能训练

6.5.1 矿泉水瓶编号流水线激光飞行打标信息搜集

1. 矿泉水瓶编号流水线激光飞行打标技能训练工作任务

矿泉水瓶编号流水线激光飞行打标技能训练工作任务是选择合适的激光打标机，并模拟流水线工作状态对矿泉水瓶进行生产日期和产品编码的激光飞行打标，如图6-12(a)、(b)所示；如果有条件，还可以进行图案的飞行打标训练，图6-12(c)所示。

2. 搜集矿泉水瓶编号流水线飞行打标信息

1) *矿泉水瓶材料特性*

矿泉水瓶材料有聚乙烯(PE)、聚氯乙烯(PVC)、聚酯(PET)等，我们选择PET材料。PET材料透明度好、安全度高，有优异的冲击韧性及良好的光学特性，利于激光加工。

(1) 光学特性：折射率为1.655，对波长7～20 μm光线透光率为50%左右，对波长0.315～7 μm光线透光率为90%以上，对波长0.315 μm以下光线不透光。

(2) 热特性：玻璃转化点温度在80 ℃，熔点255～265 ℃，增强树脂长期使用温度可达155 ℃。

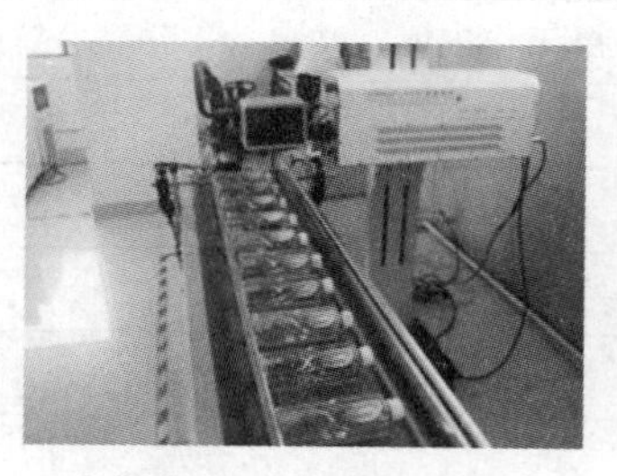

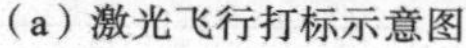

(a) 激光飞行打标示意图

(b) 生产日期和产品编码示意图

(c) 图案飞行打标示意图

图 6-12 流水线产品激光飞行打标技能训练工作任务示意图

2) *矿泉水瓶激光飞行打标文字处理*

(1) 飞行打标速度极快,完成时间在 0.1～1 s 内,采用单线字体。

(2) 矿泉水瓶直径约为 50 mm,由于打标部位为弧面,打标最高面与最低面落差应不大于 2 mm,所以字符总体宽度一般不大于 30 mm。

(3) 注意:矿泉水产品编码是变量编码,设置方法见第 4 章变量文本设置相关知识。生产日期可以是变量编码也可以是固定编码,如图 6-13 所示。

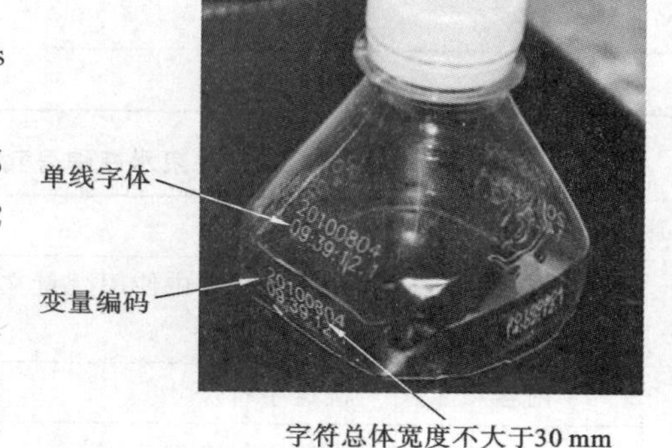

图 6-13 矿泉水瓶激光飞行打标文字处理示意图

3) *矿泉水瓶激光飞行打标工艺设置*

(1) 飞行打标设备参数设置方法见第 4 章飞行打标相关知识。

(2) 飞行打标定位要求矿泉水瓶定位牢固,不能由于流水线的运动而产生抖动。

(3) 飞行打标焦距焦点应设置在打标弧面最高点与最低点中间,与图 6-5 所示的焦点位置示意图类似。

3. 矿泉水瓶编号飞行激光打标设备

矿泉水瓶飞行打标一般采用 10.6 μm 的 CO_2 激光打标机,但加工效果不是特别理想,会有毛刺和部分变形,有厂家采用 9.3 μm 的 CO_2 激光打标机,打标效果有很大改善。如果不考虑价格因素,紫外激光打标机也是不错的选择。

6.5.2 制订工作计划与技能训练

1. 制订矿泉水瓶编号飞行激光打标工作计划

制订矿泉水瓶编号飞行激光打标工作计划,填写表 6-21。

2. 矿泉水瓶编号飞行激光打标实战技能训练

(1) 进行矿泉水瓶编号飞行激光打标图形处理及飞行打标设置,填写表 6-22。

表 6-21　矿泉水瓶编号飞行激光打标工作计划表

序号	工作流程	主要工作内容	
1	任务准备	材料准备	
		设备准备	
		场地准备	
		资料准备	
2	制订矿泉水瓶编号飞行激光打标工作计划	1	
		2	
		3	
		4	
3	注意事项		

表 6-22　矿泉水瓶编号飞行激光打标图形处理及设置过程

序号	作业内容	作业要求	作业记录
1	内容编写	在打标软件中使用变量文本功能编写日期及序列号，并选择单线字体	
2	内容尺寸	确定字符尺寸	
3	飞行打标设置	设置飞行方向	
		选择使能硬件飞行模式或使能硬件模拟模式	
		如采用使能硬件模拟模式，计算飞行速度系数	
		设置编码器偏移距离	

（2）确定矿泉水瓶编号飞行打标工艺参数，填写工艺参数测试表 6-23。

表 6-23　矿泉水瓶编号飞行激光打标工艺参数测试表

矿泉水瓶编号飞行激光打标工艺参数测试表					
测试人员			测试日期		
作业要求	材料型号： 加工要求：字体清晰，无烧焦现象				
设备参数记录	机型		功率范围		速度范围	
	频率范围		焦距		流水线速度	
矿泉水瓶编号飞行激光打标工艺参数测试记录					
测试次数	第 1 次	第 2 次	第 3 次	第 4 次	参数确认
焦距高度					
打标速度					
打标功率					

续表

矿泉水瓶编号飞行激光打标工艺参数测试记录					
测试次数	第1次	第2次	第3次	第4次	参数确认
打标频率					
飞行速度系数					
编码器偏移距离					
效果对比					
矿泉水瓶编号飞行激光打标质量及质量改进措施					
打标功率影响					
打标频率影响					
打标速度影响					
打标线间距影响					
飞行速度系数影响					
编码器偏移距离影响					
质量改进措施					

(3) 完成矿泉水瓶编号飞行打标加工制作过程，填写工作记录表6-24。

表6-24 矿泉水瓶编号飞行激光打标工作记录表

加工步骤	工作内容	工作记录
加工定位	矿泉水瓶在流水线上安装固定	
	设备定位设置	
	试打标预览定位	
	偏差位置调整处理	
打标加工	编写字符	
	工艺参数导入	
	设置飞行打标相关参数	
	加工操作	
	加工后处理	

(4) 进行矿泉水瓶编号飞行打标加工技能训练过程评估，填写表6-25。

表6-25 矿泉水瓶编号飞行激光打标技能训练过程评估表

工作环节	主要内容	配分	得分
字符编辑 15分	字符尺寸准确	5	
	变量文本日期设置正确	5	
	变量文本序列号设置正确	5	

续表

工作环节	主要内容	配分	得分
飞行参数设置 25分	设置流水线方向正确	5	
	如使用使能硬件模拟模式，正确计算飞行速度系数。如采用使能硬件飞行模式，正确设置流水线速度	20	
工艺参数 20分	焦距准确	5	
	打标速度正确	5	
	功率大小正确	5	
	频率大小正确	5	
产品质量10分	字体清晰，无线条错位现象	10	
技能评估 20分	在规定时间内完成给定字符编写任务	5	
	在规定时间内完成飞行打标参数设置任务	5	
	在规定时间内完成工艺参数设置任务	5	
	在规定时间内完成产品加工任务	5	
现场规范 10分	人员安全规范	5	
	设备场地安全规范	5	
合计		100	
(1) 注重安全意识，严守设备操作规程，不发生各类安全事故。 (2) 注重成本意识，保证设备完好无损，尽可能节约训练耗材。			

参考文献

[1] 施亚齐.戴梦楠.激光原理与技术[M].武汉:华中科技大学出版社,2012.

[2] 张冬云.激光先进制造基础实验[M].北京:北京工业大学出版社 ,2014.

[3] 金罔夏.图解激光加工实用技术:加工操作要领与问题解决方案[M].北京:冶金工业出版社 ,2013.

[4] 史玉升.激光制造技术[M]北京:机械工作出版社,2011.

[5] 郭天太,陈爱军,沈小燕,等.光电检测技术[M].武汉:华中科技大学出版社,2012.

[6] 刘波,徐永红.激光加工设备理实一体化教程[M].武汉:华中科技大学出版社,2016.

[7] 徐永红,王秀军.激光加工实训技能指导理实一体化教程[M].武汉:华中科技大学出版社,2014.

[8] 若木守明.光学材料手册[M].北京:化学工业出版社,2009.

[9] SYNRAD 48 系列激光器使用说明书.

[10] 北京金橙子科技股份有限公司.SOF_CUB_EZCAD2UNI_V2(1)_国际版软件使用手册.

[11] 北京世纪桑尼科技有限公司.8720A_CN 振镜使用说明书.

[12] 北京金橙子科技股份有限公司.CoFile 外部校正说明书.